万里长城

THE GREAT WALL

魏　敏　刘晓涛　著

五洲传播出版社

图书在版编目（ＣＩＰ）数据

地图上的中国．万里长城 / 刘晓涛，魏敏著．－－ 北京 ：五洲传播出版社，2022.1
ISBN 978－7－5085－4588－2

Ⅰ．①地… Ⅱ．①刘… ②魏… Ⅲ．①中国－概况② 长城－介绍 Ⅳ．①K92

中国版本图书馆CIP数据核字(2021)第222249号

审 图 号：GS（2021）8274号

万里长城

作　　者： 魏　敏　刘晓涛
图　　片： 魏　敏　刘晓涛　图虫创意
出 版 人： 关　宏
责任编辑： 苏　谦
装帧设计： 山谷有魚　张伯阳

出版发行：五洲传播出版社
地　　址：北京市海淀区北三环中路31号生产力大楼B座6层
邮　　编：100088
电　　话：010－82005927，82007837
网　　址：www.cicc.org.cn, www.thatsbooks.com
印　　刷：北京中石油彩色印刷有限责任公司
版　　次：2022年6月第1版第1次印刷
开　　本：1/20
印　　张：6.3
字　　数：100千
定　　价：48.00元

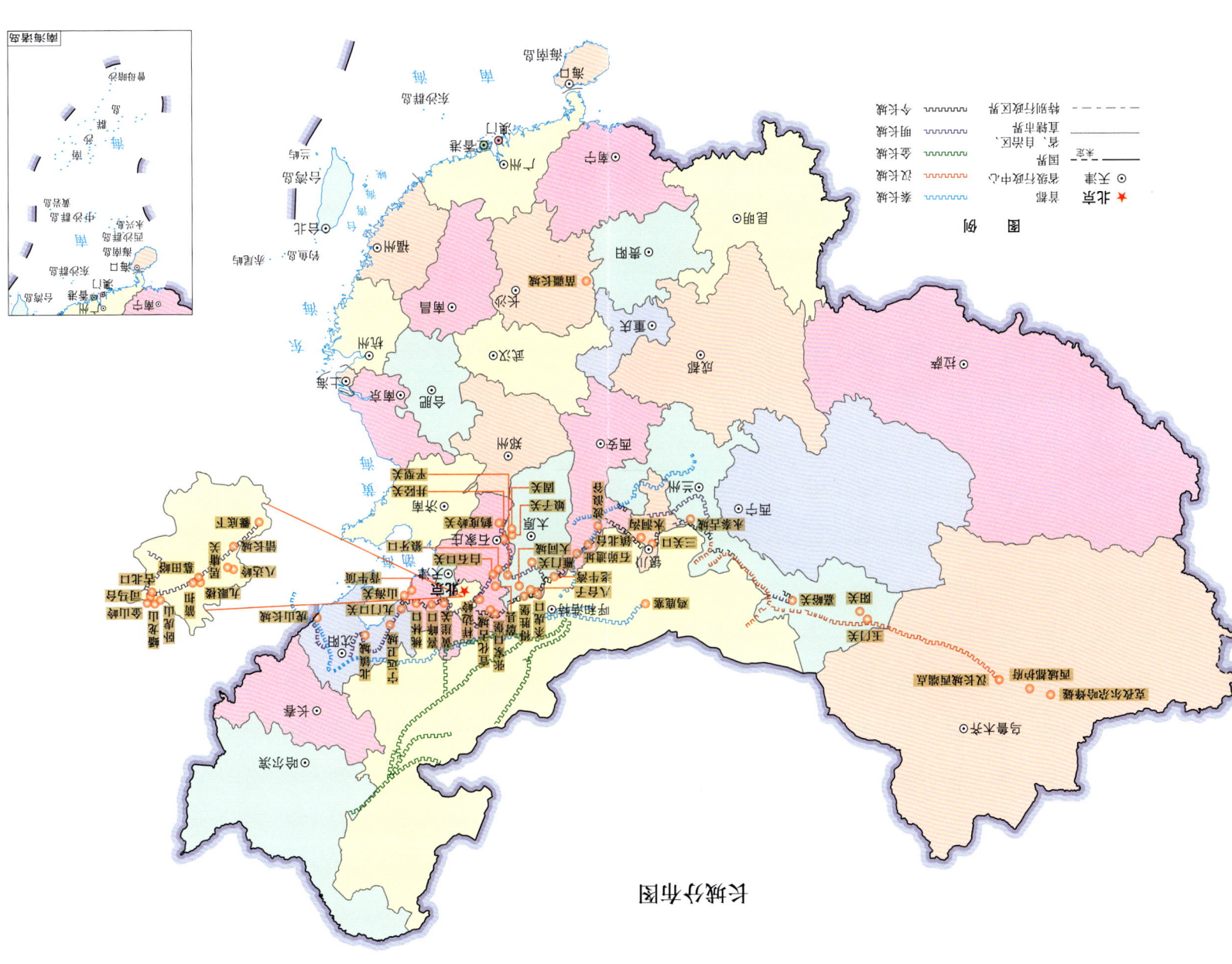

长城分布图

万里长城

The Great Wall

万里长城
The Great Wall

目　录

01　长城的历史

　　长城的开端 ·10·

　　融合与发展 ·12·

　　集大成的明长城 ·14·

　　明长城的防御格局 ·18·

02　长城著名关口和遗存

辽宁古长城

　　虎山长城，明长城的
　　东起点 ·22·

　　医巫闾山与北镇城 ·24·

　　袁崇焕与宁远大捷 ·26·

　　九门口关与一片石之战 ·28·

河北古长城

　　天下第一山海关 ·30·

　　背牛顶，一道天梯入云来 ·32·

　　桃林口与戚继光的传说 ·34·

　　喜峰口，抗战烽烟 ·36·

　　样边岭，明长城的
　　"样板工程" ·38·

　　宣化古城，京西防线的
　　咽喉之地 ·40·

　　张家口堡，从边塞到贸易
　　通道 ·42·

　　天下奇绝"打树花" ·44·

　　白石山上的云海长城 ·46·

　　狼牙口的抗日小英雄 ·48·

　　井陉关与背水之战的故事 ·50·

　　鹤度仙踪 ·52·

北京、天津古长城

　　黄崖关，夕照冠京东 ·54·

　　密云的杨家将传说 ·56·

　　司马台，中国长城之最 ·58·

　　万里长城，金山独秀 ·60·

　　蟠龙卧虎古北口 ·62·

　　云蒙山下"错长城" ·64·

　　慕田峪和箭扣 ·66·

居庸关，京师防御的
重中之重 ·68·

八达岭，名扬世界的
中国名片 ·70·

守护皇陵的南山路边垣 ·74·

巅底下，群山深处的
小布达拉宫 ·76·

山西古长城

大同长城和堡垒兴建始末 ·78·

老牛湾，长城与黄河握手的
地方 ·80·

得胜堡，见证战争与和平 ·82·

杀虎口与"走西口"的
往事 ·84·

雁门关，中华第一关 ·86·

平型关与抗战 ·88·

八台子，中西方文明的
碰撞 ·90·

娘子关和固关 ·92·

陕西、宁夏、甘肃、新疆古长城

镇北台，万里长城第一台 ·94·

波浪谷中的长城 ·96·

三关口与杨门女将的传说 ·98·

穿越三万年时光的水洞沟 ·100·

西北墩军的艰苦生活 ·102·

永泰古城 ·103·

阳关和玉门关 ·106·

嘉峪关，明长城的西起点 ·108·

神秘的新疆长城 ·110·

南方长城

苗疆长城 ·112·

03 长城的人文传承

中国人的文化符号 ·116·

长城的保护与传承 ·118·

前　言 · · ·

　　如果说欧洲大地上星罗棋布的城堡代表了中世纪浪漫、高贵、忠贞不渝的骑士情怀，那么遥远东方的万里长城则体现了中华民族维护统一、坚韧不屈的民族精神。两者都经历了千年岁月的侵蚀，时至今日，大部分遗迹早已经伤痕累累。这两种军事建筑相隔万里，其防御功能、建筑特色乃至人文传承各有千秋。与前者仅掌控方圆数十公里封建领地的防御范围不同，后者翻山渡河绵延万里，将古代中国的整个北方边境完全环抱起来，形成一条从东海到亚洲腹地的链式防线。

　　早在西周时期（前1046—前771），中国便出现了传递警报的烽燧系统。春秋战国时期（前770—前221），中原地区互相交战的诸侯国之间开始建造早期的长城，以保境御敌。公元前221年秦始皇统一中国后，首次将北方边境的战国长城连接起来，形成了一条全国性的防御工事，用以防备北方羽翼渐丰的游牧部落入侵。这条长城从中朝边境的鸭绿江畔一路向西延伸到中国内陆，全长超过5000公里，形成了流传到今天的“万里长城”。秦灭亡后，历朝历代都对长城或多或少地进行了整修与扩建，农耕和游牧两种文化，围绕着长城书写了长达两千年的爱恨情仇。

　　明朝（1368—1644）是长城建造集大成的时代。明长城充分融汇了前代的智慧，它不仅是一道墙，更是一道将城堡、城墙、山险、河流、敌楼、烽燧、驿站等设施有机结合起来的防御网。明朝中后期将领戚继光发明了空心敌楼，使得守军能够在群山之巅长久驻扎，长城的防御能力也更上一层楼。

长城两侧剑拔弩张的两方，也曾偃旗息鼓握手言和，开展丰富的边境贸易，建立"马市"互通有无，用塞北遍地都是的牲畜和内地盛产的铁器、茶叶等进行交换。越过长城的阻隔，汉传佛教、藏传佛教、道教等各种宗教信仰和民间习俗广为传播，长城两侧的人民逐渐融合成了一家人。

　　大航海时代到来后，东西方交流与日俱增。今日山西省八台子长城边的教堂遗址，正是东西方文明激情碰撞的见证。中国长城也找到了它在异国的"远亲"——横贯不列颠岛的哈德良长城、德国境内的古罗马长城、伊朗北部的戈尔干长城，印度、日本、越南等国的或长或短类似长城功能的建筑遗址。

　　长城的魅力甚至穿越时空，融入今日的文艺作品中。影片《指环王》中刚铎都城燃起的烽火，通过雪山、河谷、平原上的一个个烽火台，传递到王国各个角落；奇幻小说《冰与火之歌》中，也有一条横贯大陆北部的绝境长城，它的守卫者"守夜人"部队数百年如一日警惕着北方的邪恶异鬼。长城所代表的保家卫国精神，不仅是中国的，也是全世界各民族所共有的。

　　长城是那么的壮美，又是那么的神秘。希望本书能够给读者们带来不一样的长城体验，那里有烟雨画桥，也有大漠黄沙；有长河落日，也有流水人家；有敌楼兀立，也有断壁昏鸦……希望大家能够通过这些文字、图片，来了解长城、欣赏长城、保护长城，将祖先留下的这一伟大遗产完好地传递给后代，传播给世界各地的朋友们。

长城的历史

长城的开端

中华文明作为世界四大古文明之一，早在5000多年前就掌握了建造原始城墙的技术。陕西省石峁遗址的石头城墙、浙江省良渚遗址的夯土城墙南北辉映，是我们祖先因地制宜改造自然的智慧结晶。这种建筑智慧源远流长，为后世长城的大规模修建打下了技术基础。

春秋（前770—前476）晚期，几个主要诸侯国开始建造早期的长城以保境御敌，于是，一个不仅仅守护单个城市，也防卫一个广大区域甚至整个诸侯国的防御体系崭露头角。随后的战国时代（前475—前221），各种石垒、土建、木制的长城在中原地区遍地开花，形成一个长城修建的高潮。

修建于春秋晚期的齐长城堪称中国最古老的长城之一，承载着丰厚的历史内涵和人文情怀。它横亘在山东省中南部的丘陵地带，是齐国防御南部诸侯的重要工事。早期的长城建筑技术原始，建造手段单一，多为当地山石垒砌而成，也没有后世长城常见的敌台、敌楼等附属设施。即便如此，这道长城也有效防御了外敌入侵。随后，几个

横亘于阴山山脉之上的秦长城遗址（内蒙古，包头固阳县）

主要诸侯国都效法齐国，修建了自己的长城。

秦朝（前221—前206）统一中国后，为了防备蒙古高原上羽翼渐丰的游牧民族——匈奴，修建了一条横跨中国北方的宏伟长城，从东海之滨到西部戈壁，将整个北部边境囊括在内。

长城沿线流传着丰富多彩的有关长城的民间传说。经历两千多年的演变和加工，这些故事天马行空、包罗万象，比正史更为生动有趣，是研究长城民俗文化的"活化石"，其中"孟姜女哭长城"的传说更是家喻户晓。秦始皇修建长城劳民伤财，百姓苦不堪言，孟姜女寻找修长城的丈夫，不幸的是丈夫早已累死，她对着尸骨哭了三天三夜，突然天摇地动，秦国铜墙铁壁般的长城轰然倒塌了。

当然，这只是一个民间故事，事实上，秦长城是中国国土上最早守护整个大一统政权的长城。在接下来的两千年中，十多个王朝将接过修筑长城的接力棒，书写农耕民族与游牧民族不断征战、交融的历史长卷。

融合与发展

秦灭亡后，汉朝（前206—公元220）通过长期的拉锯战，击退了盘踞在北方边境的匈奴势力。汉朝皇帝通过恩威并施的手段，分化瓦解了匈奴集团，将帝国版图向西、北两个方向大幅推进，保障了内地人民的安全，也增进了和周边国家的文化交流。

汉朝大将霍去病从今天的甘肃省东部三次出塞，西进1000余里，击败盘踞在祁连山下河西走廊一带的匈奴浑邪王和休屠王，降服了当地的匈奴部众。汉朝随即在此设置了武威、张掖、酒泉和敦煌四个郡，此后又在此设置了西域都护府，并将长城经甘肃延伸到新疆。自此，华夏文明开启了通向亚洲内陆的通道，"丝绸之路"这幅壮阔长卷得以缓缓展开。

守卫丝绸之路的汉长城自甘肃省东部沿河西走廊向西延绵而去，与白雪皑皑的祁连山伴行1000多公里，辗转来到敦煌的阳关和玉门关，后一头扎进新疆的茫茫大漠，终结于当时仍是浩瀚湖泊的罗布泊。汉长城守护的这条中西方交流通道兴盛了两千多年，至今仍是中国与中亚、欧洲贸易往来的重要交通廊道。

之后，王昭君出塞，沿着穿越阴山山脉的汉长城，前往北方草原与归顺汉朝的匈奴呼韩邪单于和亲。据说，因为匈奴内乱，王昭君与呼韩邪夫妇二人曾滞留在长城鸡鹿塞达数年之久。二人在这里居住期间，每天晨有雄鸡高唱，晚有阵阵鹿鸣。当地人认为这是贵人居住带来的吉祥征兆，所以将这里命名为"鸡鹿塞"。后来二人回到草原，为汉匈两族的和平友好作出了巨大的贡献。至今草原上还有一座巨大的封土堆"青冢"，据说就是王昭君的坟墓，每到节日，四方百姓纷纷来此祈求护佑。

扼守阴山河谷通道的汉长城鸡鹿塞（内蒙古，巴彦淖尔磴口县）

　　此后的各个王朝，都或多或少在秦汉长城的故址上修修补补，以防备蒙古高原上层出不穷的游牧势力入侵。同样马背起家的女真族于1115年建立金国后，修起了环绕蒙古高原东、南缘的"金界壕"长城，以抵挡草原上的新生势力蒙古族。只是，这座长城在几年后就被成吉思汗的大军踏平了。

　　1271年，蒙古族统一中国，建立元朝。其后，天灾人祸不断，不到百年元朝就被明朝推翻。然而他们的残余势力仍然盘踞在蒙古高原，试图与明朝一较高下。正是这场斗争，将中国的长城修建史推向最后一个高潮。

集大成的明长城

经过历代的修筑与发展，长城军事防御体系在明代已经较为完善。明长城之所以被称为古代军事防御体系的集大成者，是因为它以东西向分段、南北向分层级设置防区，环环相扣。这一防御体系并非仅仅一条绵延万里的线性墙体，还包括长城沿线纵深分布的各种军事聚落和防御性工事，以及其间错综复杂的交通运输和信息传递通道，多种功能结合，形成了一个具有层次性、系统性和整体性的军事防御体系。

明朝从开国之初就开始经营防务，在之后的200多年里，从未停止过对长城的修筑，并逐渐依长城一线建立起9个军事重镇，称为"九镇"或"九边"。

这里的"镇"可不是我们现在所说的与乡、街道级别类似的基层行政单位，而是一个级别很高的军事单位，与现在的军区有点像。每"镇"之下又分各"路"，各"路"之下设置卫所，而更低一级的单位为"堡"。这些军事聚落按照级别分为镇城、路城、卫城、所城、堡城。明廷在九镇屯驻重兵，以抵御故元遗兵，并在各个时期大力经营九镇，足见其意义之重。

明朝的边塞镇守制度，也经历过一系列的变化。在历经了从卫所镇守制度到都卫体制、大将镇守制度、诸王守边制度，直至总兵镇守制度这一系列变化后，明代最终形成了由东向西依次为辽东镇、蓟镇、大同镇、宣府镇、山西镇、甘肃镇、宁夏镇、延绥镇、固原镇的九镇体系，后又增设了昌镇和真保镇，史称"九边十一镇"。

九边重镇的建立就是为防御蒙古军队，明朝历代皇帝都十分重视，不断增加投入、完善防御体系。九镇集中了全国一半以上的军事资源和三分之二的精锐部队，顶峰时

八达岭长城

驻军近百万。而连带而来的军队家属、商人、工匠等，构成了庞大而复杂的体系。经过200余年的修筑，九边重镇防御体系得到完善，形成了横向以九镇分段、纵向以五路分层的防御格局。这一军事镇边体制逐渐走向成熟，最终成为中国古代军事防御体系之集大成者。

箭扣岭明长城秋色（北京·怀柔）

明长城的防御格局

　　明朝的防御体系，以立国之前的朝防制为基础，在接下来的近百年中不断改进完善。到明代中后期，绵延8000余公里的长城防御体系——九镇防御体系基本建立，形成了"横向九镇分段、纵向五路分层"的防御格局。

　　"横向九镇分段"也称"九边重镇"，自东向西依次为辽东镇、蓟镇、宣府镇、大同镇、山西镇、延绥镇、宁夏镇、固原镇、甘肃镇。这九个"镇"各为一个防御单元，但相互之间又协同防守、联合作战。后又增设了昌镇和真保镇，一共是十一个镇，但"九边"之称谓未改。

　　"纵向五路分层"。镇城是一镇之心脏所在，镇守总兵官驻于此城，掌管该镇防区内的军事战略和行动。各镇之下又分"路"。一镇所辖之路，三至八数不等。各路之下又依次设置"卫""所""堡"三种不同等级的城池。一镇之下所辖大大小小的城堡可达数十个之多，它们分布在长城沿线，分段防守长城各段落和关口，每个城堡都有相应的责任段落。

　　九边重镇的横向分段有利于明确防区责任、提升管理效率；纵向分层有利于逐级设防，加大防御纵深。而整个长城防御体系之所以庞大而复杂，不仅是由于组织结构，其中的各种功能性设施和系统也十分庞杂，包括驻扎军队的屯兵系统、补充军需的屯田系统、传递军情的烽传系统、往来文书的驿传系统以及贸易互市等。

　　明长城的建筑结构是由城墙、关（城）堡、墙台、敌台（敌楼）、烟墩和驿传等构成的完整军事防御工程体系。其中城墙与敌楼是长城的建筑主体。城墙依照不同的山形地貌变化其形态，敌台则一般分为夯土实心和砖砌空心两种。

每年清明时分，明长城西水峪段便会掩映在漫山桃花中。（北京，怀柔）

　　早期的明长城因技术、经济等原因，主要用夯土版筑（即把土夹在两块木板中间，用杵捣坚实，筑成土墙）或块石垒砌，敌台也都是实心的，耐久性和防御性均较差。到了16世纪中期，著名民族英雄、抗倭将领戚继光从南方调任北疆，他对北京、河北一带的长城进行了大刀阔斧的改造，用青砖对墙体进行包裹加固，建造了大量保存至今的砖砌空心敌楼，使得长城的防御性和观赏性有了质的飞跃。

02

长城著名关口和遗存

辽宁古长城

虎山长城，明长城的东起点

明朝建立后，东北大地被纳入大明版图。辽阔的东北大地上，居民以少数民族女真人为主。他们不通汉语，不会耕种，靠游牧渔猎为生，与汉族在生活方式和文化上都存在很大的差异。因此，明政府因地制宜，对汉人居多的辽宁实施直接管理，而对辽宁以北的女真部落采取安抚、收买的政策。

为了防备女真人南下侵扰，15世纪中叶，明朝廷沿着辽宁北部修建了一条长城。这条长城从山海关一直延伸到鸭绿江畔，共计约1000公里。

明长城的最东端位于鸭绿江西岸的山峦之上。这座山有两个并排高耸的山峰，恰似老虎的两只耳朵，故被百姓称为虎耳山，后来逐渐演变为今日的虎山。山上的长城也因山得名，被称为虎山长城。这段长城作为明帝国长城防线的东起点，雄踞山巅，俯瞰四方，警惕地注视着城外女真人的一举一动。

遗憾的是，随着明朝的覆亡，虎山长城随之被废弃。在政治、自然和人为破坏等复杂原因的作用下，它逐渐淡出了人们的记忆，被历史尘封。故而长久以来，中国乃至世界都认定一个错误的结论：明长城东起山海关，西到嘉峪关。幸运的是，20世纪90年代的一次工程建设，偶然发现了这颗遗珠。这一考古发现重新定义了明长城的东端起点，和《明史》中记载的"终明之世，边防甚重，东起鸭绿，西抵嘉峪"的记载相吻合。

今日的虎山长城经过重新维修，已经旧貌换新颜，一

虎山长城（辽宁，丹东市）

座座崭新的敌楼拔地而起，青砖垒砌的墙体绕山盘桓，较明代的原貌更显威严雄壮。

医巫闾山与北镇城

　　医巫闾山位于辽宁省西部，它的南面是富饶的辽河平原，北面是一望无际的草原，几千年来一直是农耕和游牧两种文明频繁碰撞的地方。明朝时，为了防备山北面的女真部落，朝廷在医巫闾山连绵起伏的山脊上修筑了长城。

　　今日的医巫闾山已经开辟为景区。进入景区，沿着历史悠久的石阶拾级而上，经过四角亭、桃花洞、风井等一个个古迹后，便来到了群山之巅的望海寺。与其他寺庙不同的是，这座寺庙的围墙完全用块石建成，设置有女墙和垛口，最高处的天然巨石上还矗立着一座高大的圆柱形建筑，让来访的游客啧啧称奇。望海寺还有另一个充满军事色彩的名字——"白云关"，而那座圆柱形建筑，便是明长城的烽火台。

　　站在烽火台上俯瞰，山脚下一座古城清晰可辨，那就

坐落于医巫闾山顶的明长城白云关及烽火台（辽宁，锦州北镇市）

是明朝辽宁长城防御体系的心脏——北镇城。随着现代化建设的进行，城中绝大部分古迹都被拆除，只剩城中主街上昂然而立的一座雄伟的汉白玉石牌坊，彰显出这座城池昔日的荣光。这座牌坊叫作"李成梁牌坊"，是明朝政府为了表彰镇守辽宁的大将李成梁所立，它也是明末那段可歌可泣历史的见证者。

李成梁是明代中后期不可多得的将才。他在北镇城镇守辽宁30年，其间，明朝的北方边境战乱不断，唯独他坐镇的辽宁稳如泰山。史料记载，他多次征讨女真部落，几十年间打赢了数十场战役，维护了明朝边境的和平稳定，被明朝廷封为伯爵。

袁崇焕与宁远大捷

1626年，明朝东北边疆危若累卵。自从努尔哈赤大举进攻以来，明朝军队节节失利，几年间竟然丢失了70多座城池，将辽宁九成的土地拱手让人。士气低落的明军只能龟缩固守于渤海与燕山山脉之间一条长150公里、宽不过20公里的狭长地带。

这一年，志在必得的努尔哈赤再次集结10万大军，发誓要拿下辽宁最后一块土地，首当其冲的是最前线的宁远卫城。宁远城只是一个中小型城池，守军不足2万，听闻这个消息后，城内人心惶惶，士兵与百姓慌忙收拾细软，准备弃城而逃。

守将袁崇焕下令固守，但哪个士兵敢直面敌军锋利的马刀？根本没人听他的将令。袁崇焕治军严明，斩杀了几个领头逃兵，又命人搬运巨石将4个城门堵住，切断了城池的出入口。士兵们号哭不已，只得断绝了逃跑的念头，跟着袁崇焕共守孤城。

不久，敌人铺天盖地而来，与守军展开了激战。明军拼死作战，但兵微将寡逐渐不支。就在危急关头，城墙上10门葡萄牙进口大炮一同开火，炮弹挟裹着硝烟横冲直撞，所过之处血肉模糊。几轮齐射之后，敌军伤亡惨重，一颗炮弹还击中了努尔哈赤的胳膊，疼得他赶忙下令撤军。

努尔哈赤撤退后清点人数，发现损失人马过半，气得他号啕痛哭，加之伤情过重，几个月后就病死了。这场战斗为明朝赢得了宝贵的喘息时间，史称"宁远大捷"。

今日的宁远卫城一片祥和。游客们从外面走来，首先进入的是环绕主城门的一座半圆形瓮城。在古代战争中，敌人就算攻破城门进入瓮城，也会马上遭到瓮城和主城城墙上守军的四面合击，中国有个成语"瓮中捉鳖"说的就

宁远卫城的街道和牌坊（辽宁，葫芦岛兴城市）

是这种情形。

城中两座高大的石牌坊前后并立，这是明朝为了纪念守卫城池的将士们所立。牌坊后面，两条主街交汇处挺立着一座雄伟的鼓楼，战争时起到瞭望和指挥中心的作用，当年袁崇焕就是在这里指挥了宁远大捷。城中还有文庙、督师府等多座古建筑，透过它们，人们仿佛看到那个风云变幻的时代。

九门口关与一片石之战

　　九门口关位于燕山山脉的一道河谷中。这里群峰林立、山石狰狞，青龙河从河谷之间流过。这条河流喜怒无常，旱季河道干涸步行可过，雨季却汇众山之溪水为一川，水涨浪激，势不可挡。九门口关南距山海关15公里，北面为塞外之地，是沟通内地与东北的重要关隘之一。据文献记载，它曾被称为"京东首关"，可见它在长城线上的地位是非常重要的。

　　明朝工匠在修建九门口关时煞费苦心，为了做到既有高墙抵敌，又能让洪水通过，便在长城和河谷的相交处修建了这座高达12米、有9座过水闸门的水关。为了让长城地基稳固，建造者们还在桥墩上下游地面上铺砌了连片的巨型花岗岩条石，面积足足有7000平方米，远远望去好像一片巨大的石板，故九门口关又称"一片石关"。

　　明朝廷不惜重金建造了高大威武的砖石长城，远远望去如飞龙出水；两侧山坡上配建以密集的空心敌楼，与峡谷间的水关互为犄角；关城内部还设有围城，相当于缩小版的瓮城，整个防线真可谓金城汤池。300年的时光里，

横跨青龙河的九门口关（辽宁，葫芦岛绥中县）

北面游牧部落的袭扰在此戛然止步，始终未曾攻破过这座雄关。

到了1644年，李自成率领的农民起义军攻陷北京，明朝覆灭，北方只剩吴三桂还在山海关抵抗起义军。为了一统中国，李自成决定亲率大军20万一举荡平吴三桂。不日，李自成与吴三桂的军队在九门口关至山海关一带进行了会战。战斗从早晨一直进行到下午，胜利的天平逐渐向李自成倾斜。

谁知突然一阵狂风骤起，漫天黄沙呼啸而来，一支彪悍的骑兵部队顺着这阵大风冲入战场，直扑向李自成的指挥中心。李自成的将士们一看，这哪里是吴三桂的军队，分明是头上留着辫子的清军！起义军将士震惊不已纷纷缴械投降，李自成也落荒而逃。

原来吴三桂为了保住自己的荣华富贵，早已投降了清军。李自成则大败，20万大军损失殆尽，连夜逃回了北京。因这场决定中国命运的战争发生在九门口关，也就是一片石关附近，所以它也被称作"一片石之战"。

河北古长城

天下第一山海关

位于河北省东部秦皇岛市的山海关，古称榆关，有着"两京锁钥无双地，万里长城第一关"的美誉。明洪武年间（1368—1398）由大将徐达修建，因枕山襟海而得名"山海关"。戚继光出任蓟镇总兵之后，特别加固此处关隘并增修敌楼，修筑入海石城"老龙头"，把山海关建设成为一个固若金汤的全封闭防线。

山海关城为四方形，周长约4公里，城墙内以夯土筑就，外以青砖包砌，护城河围绕其外，关城两侧与长城相连。除主体箭楼，还有靖边楼、临闾楼、牧营楼、威远堂、瓮城、东罗城、西罗城等建筑，构成了复杂的防御体系。登上箭楼，北可望角山长城雄姿，南可眺渤海水天一色。

山海关为今人所熟知，除了"天下第一关"的响亮名号，也因明末诗人吴伟业的长篇七言歌行《圆圆曲》的广泛流传。此诗叙述了吴三桂因爱妾陈圆圆为人所掠而盛怒之下降清献关的始末。

天下第一关山海关

山海关及远处的角山长城（河北，秦皇岛市）

明末，东北的后金政权（1636年改称为清）崛起，在迅速鲸吞辽东之后，又将战火一直烧到了山海关下。但固若金汤的关宁防线（自山海关至宁远）令后金大军束手无策，久攻不下。大汗努尔哈赤最终在关外的宁远城之战中战败受重伤以致郁郁而终。

崇祯十七年（1644），闯王李自成进入北京，崇祯帝自杀，风雨飘摇的大明王朝骨化形销。此时，镇守山海关外宁远城的吴三桂本已决意归降李自成，怎料他在率部进京途中，得知在京的父亲被起义军拘押拷打，爱妾陈圆圆也被李自成的部将刘宗敏霸占，于是，他怒而复回山海关，拒降李自成。

李自成得知后亲率大军20万向山海关进发。吴三桂担心自己的军队不是大顺军的对手，便遣使向清军求援，这正合了清军之意。此时李自成已迫近山海关，清军也日夜兼行向山海关进发。

在清军和吴三桂军的合力打击下，李自成的大顺军寡不敌众，只得撤退。同时山海关关门大开，大批清军进入关内。

山海关自建关后的200多年间从未失守，蒙古部落和后金政权不知道多少次叩关而来、铩羽而归。吴三桂开关献城，不仅让山海关失守，也导致大明江山易主，这座金汤城池因此在历史上写下了黯淡的一笔。

背牛顶，一道天梯入云来

由于经常面对北方游牧民族的侵扰，生活在长城附近的人们非常希望有强大的神明护佑自己。民间百姓膜拜关公的强悍武力，政府则更看重他的忠义，于是供奉关公的庙宇大受推崇，长城周边出现了众多关帝庙。这些庙宇多建在城池的门楼附近。

河北省东部抚宁县背牛顶的关帝庙可以说是长城沿线最为神奇的一座关帝庙。为了能更近距离获得关公的保佑，军士们别出心裁将一座长城敌楼改建成了关帝庙。这座小庙位于一座巍峨的山峰顶端。此山如同一只公牛耸肩站立，故得名背牛顶。庙的面积不大，只有5平方米左右，三面是万丈悬崖，一面有小路通向山林深处。

让人胆寒的是，古人要上得这座庙/敌楼，只能通过悬崖崖壁上架设的十几个木制梯子。这些梯子首尾相连，梯脚或是勉强架在岩石凹陷点，或是干脆搭于树根凸起处。遥想当年，士兵们背着沉重军械和补给登上木梯的时候，难免会听到梯子发出不堪重负的哀鸣，而风雨冲刷后的踏板更为湿滑，每一个通过此处的士兵都可谓是九死一生。

明朝灭亡后，长城失去了它的军事作用，但对关公崇拜的力量经久不衰，周边百姓照常前来关帝庙膜拜，群山深处的庙宇依然香火不断。美国社会学家、摄影家西德尼·戴维·甘博（Sidney David Gamble）于1917年慕名而来，用相机为后人留下了背牛顶关帝庙的历史影像资料。现在背牛顶已经改建为景区，脆弱的木梯子也换成了坚固的铁梯，游人可以更加安全地探访这一奇观。

令人胆战的背牛顶天梯（河北，秦皇岛抚宁县）▶

桃林口与戚继光的传说

　　河北省东部的群山深处有个叫作桃林口的村落。这里依山傍水、风光秀丽。青龙河从村边流过，河两岸的山峰高耸入云、遮天蔽日，靛青的山岩上松柏横生。群山之上，一道石长城蜿蜒而去。

　　明代的桃林口关便设在这里。当时守关的明军将士在关口四周的山谷中遍植桃树，此地故而得名桃林口。每逢春季，桃红似火，宛如桃源仙境一般；到了夏季，果香四溢，生产的大桃除了自用，还可以向外销售。这里的关隘规模适中，分为南北两城——北城作为军事用途，南城为营房和民用，平时能容纳三五千人同时居住。可惜今日这些建筑只有一座硕大的望河楼幸存下来。

　　这个地方还流传着一个关于戚继光大将军的传说，它让我们看到了抗击倭寇、建造长城的戚大将军不为人知的另一面。原来戚大将军在战场上呼风唤雨，在家里却被老婆王氏压制得死死的。夫妇二人原有个儿子，因在战场上当了逃兵，被戚继光一怒之下斩首，此后二人再没有生育。中国古代，没有子嗣被视作不孝的一种，甚至会影响仕途。戚继光为了避免非议，偷偷纳了三个小妾，以求生

俯瞰水库的桃林口长城（河北，秦皇岛卢龙县）

儿育女。当然这不能让嫉妒心强的王氏知道，于是他便把小妾们安置在桃林口这个世外桃源，时常借视察关口之名来和小妾相聚。

谁知有一日王氏竟然得知了这个消息，她勃然大怒，便带领一众家丁"攻打"桃林口。戚继光连忙召唤众将商议如何应对。有人说"愿以死迎敌"，有人说"还是走为上策"。戚继光摇摇头说："都不行啊。"只见他脱去外衣和鞋子，赤脚走出军营，跪着迎接王氏以谢罪。那几个小妾也抱着孩子流涕请罪。

王氏没有怪罪小妾们，反而安慰她们不要担心，好好养育孩子，回过头来冲着戚继光骂了一句："罪魁祸首是你这个老奴才！"她让军士将戚继光拖倒在地，照着屁股上打了几十军棍。士兵们听说敬爱的长官竟然受此奇耻大辱，纷纷来到营门口抗议，王氏这才作罢，带着人马回家。

王氏这一声骂，如晴天霹雳一般，西山上一座空心敌楼应声而倒，其残骸竟然形成了一只狮子的形状。中国人常称厉害的女人为"母狮子"，或许这座狮子状的敌楼正是王氏的写照吧。今日游客登上山，依然可以看见这座"狮子楼"。

喜峰口，抗战烽烟

喜峰口雄踞燕山东段，古称卢龙塞，是南北交通的重要隘口。

长城这道农耕帝国抵御游牧政权侵扰的坚实壁垒，在清王朝入主关内、一统长城内外后，逐渐零落于荒烟蔓草之间。令人意想不到的是，在几百年后的20世纪30年代，它又再次担负起捍卫中华民族的重任。

1931年"九一八"事变发生之后，日本侵占了东三省全境，扶植清逊帝建立了伪满洲国，并将战火烧到了长城脚下。中日两军争夺的焦点是燕山山脉的长城各关口及附近制高点，因此这场抵抗日本侵略的战争被称为"长城抗战"。长城抗战在山海关打响了第一枪后，轰轰烈烈地拉开了序幕。

山海关和热河相继失守，日军直逼长城各关口，威胁平津。全国上下舆论哗然，纷纷斥责国民政府对日不抵抗政策。1933年3月上旬，日军从冷口、喜峰口、古北口三个方向对长城一线发起进攻。

3月9日，日军进犯河北遵化东北方向大约50公里的喜峰口，占领北侧长城线及喜峰口以东的董家口，图谋两天内占领长城。中国军队在喜峰口与日军展开了激战，并

部分淹没在一泓碧水下的喜峰口长城（河北，唐山迁西县）

重创日军，这是日军自"九一八"事变侵占东三省以来遭受到的最顽强的抵抗。喜峰口一役使日军不可战胜的神话被打破了，也使日军遭受了"60年来未有之侮辱"。

此役毕，全国人民欢腾，军心也受到极大鼓舞。中国守军第29军因此名扬长城内外，尤其是他们的大刀队在此战中大显身手，中国人民耳熟能详的《大刀进行曲》就是当时著名作曲家麦新专门为29军大刀队创作的。后来，中日两军在喜峰口又经过多次激战，但终因冷口陷落导致我方腹背受敌，29军最终不得不弃守喜峰口。

长城这一古老建筑在明朝达到辉煌的顶峰后陷入沉寂，又因中国人民不屈不挠抵抗外侮而再次走进人们视野。虽然长城抗战最终失败，但它对延缓日本军事侵略华北的进程发挥了重要作用，是中国人民早期抗日斗争中重要的组成部分。

20世纪80年代，"引滦入津"工程修建的潘家口水库将喜峰口长城部分淹没。站在水库边上看，水下长城的墙体隐约可见，至岸边如巨龙出水，与山体上长城相连，山河一体，蔚为奇观。

样边岭，明长城的"样板工程"

　　在河北张家口的怀来县境内，有一段明长城的"样板工程"——庙港长城。这段长城位于庙港以东、横岭以西，总长约3公里。

　　这段长城由无数棱角分明的规则大型条石砌成，每块条石的平均长度约为60厘米，宽度约为30厘米，厚度为20—40厘米。城阔5米有余。其建筑质量、规格之高，堪称怀来县长城之最。

　　史料对于庙港长城的记载仅有寥寥几笔。据当地村民说，这段长城由明朝开国将领徐达主持修建。建造北京的居庸关长城时，为了让负责修筑各段长城的将领有统一的标准，便先选了居庸关以西20余公里处的这个险要地段，修建了一段"标准长城"，使它成为长城建造的一个"样板"，以此标定长城的建筑规格和质量。所以，庙港长城又被称为"样边长城"，其所在山岭则被称为"样边岭"。

　　尽管是长城防御工程中的标杆之作，但随着冷兵器时

代的结束，样边长城也和其他长城一样，难逃倾颓破败的命运。如今，它还保留了大段完整的墙体，其规则整齐的条石垒筑，让人能够看出它建造时的高标准。但许多破损的豁口和跌落满地的砖石碎块，又仿佛在告诉人们，比砖石更坚硬的，是漫漫时间长河。

除了风霜侵蚀的自然损坏、坍塌，古长城还经历过另外一场劫难。"文革"期间，"破四旧"之风盛行，许多地方长城上的青砖条石被当地村民拆下来，挪作修建家中院墙、梯田乃至猪圈羊圈的材料，石刻匾额和名人诗碑成了村里的铺路石。很多威严雄伟的关城楼台，扛过了战争破坏，挺过了风霜雪雨，却在这样的和平年代消失了。

样边长城也没能躲过这样的命运，令人无奈而心酸。好在改革开放以来，随着全社会对长城保护的意识和行动不断增强，现存的长城开始受到更好的保护。1987年12月，联合国教科文组织将万里长城列入世界文化遗产名录，长城作为中华民族伟大民族精神的象征从此站在世界的聚光灯下。

"样板工程"样边岭长城（河北，张家口怀来县）

宣化古城，京西防线的咽喉之地

沿着繁忙的京藏高速公路驶出北京城，驶过碧波荡漾的官厅水库、昂然挺立的鸡鸣山和一座座满载希望的葡萄园，大约1小时车程便能到达一座规模硕大、宏伟的古城——宣化古城。这座古城依山傍水，一道周长12公里的古城墙环绕着老城区，城内商业步行街和机动车道比邻交错，摩天大厦和古旧民居相映成趣，著名的宣化三楼——清远楼、镇朔楼和拱极楼由北向南一字列开，城楼上游人熙熙攘攘，一派兴盛喧闹的景象。

宣化的建城历史往上可一直追溯到东汉。唐朝时，朝廷在此设立武州和文德县，辽时改归化州，金时改宣化州，至元代称宣德府。到了明代，改为宣府，并以该城为镇守府设立了九边重镇之一的宣府镇，也称宣镇。到了清代，再次易名为宣化府，辖区大致与今日张家口市重合。由于清代贸易、政治格局的变迁，宣化府的重要性逐渐下降。新中国成立后，宣化府成为张家口市下辖的宣化县。

这座军镇居京师西北，明代时，其所管辖的长城范围大致为今张家口和北京延庆一带的外长城及南山路边垣。因地扼守洋河谷地，是怀来盆地与蒙古草原连接之处，明朝廷格外重视。为了防止北元势力反扑，朝廷将其完全变成了屯军之地。明代人称这里"南屏京师，后控沙漠，左扼居庸之险，右拥云中之固"。终明一朝，宣镇始终扮演着守护京师西大门的重要角色。

鉴于宣镇重要的战略位置，早在明朝初年，太祖朱元璋便把第十九子朱橞封为谷王，命其就藩宣府、统领军民。谷王当政时，主持扩建宣府城，将始建于唐代的城池扩展至周长24里之巨，又根据"帝九王七"的礼制规定又设置了七个城门，南为昌平门、宣德门、承安门；北为广灵门、高远门；东为定安门；西为太新门。后由于"靖难之役"，谷王被明成祖收回军政大权，移藩长沙，宣府也失去了"王城"的地位，宣德、永安、高远三门被封堵，只留四门，但仍为京师西部防线的咽喉锁钥。

这座城市在接下来的岁月中持续得到修扩建。到数百年后的今日，城池墙体轮廓尚在，南北主街上还留存下来拱极楼、清远楼、镇朔楼三座宏伟壮观的楼阁建筑。

宣化古城的标志——镇朔楼（河北，张家口市）

张家口堡，从边塞到贸易通道

16世纪末，酣战多年的明朝与蒙古终于议和，结束了边境上持续数十年的剑拔弩张局面。合约商定，双方在边境上开设双边贸易场所"马市"。这项政策使得很多长城边境上朝不保夕的小关口、据点摇身一变，成为日进斗金的"商贸特区"，其命运由此改变。

张家口堡便是其中之一。这里环境恶劣，两山夹一沟，山是石头山，水是黄汤水，方圆几公里内没有平地，就连蒙古人南下抢劫时都对它没有兴趣。最初这里仅住着几户张姓人家。长城修到这里时，筑城民夫觉得了然无趣，随意给它起了个名叫"张家隘口"。不想边境贸易一开，张家隘口竟然商贾云集，逐渐兴盛起来。

18世纪初，随着东西方交往日益频繁，一条被称为草原茶叶之路的"张库大道"逐渐形成。这条路从张家口开始，经库伦（今蒙古国首都乌兰巴托）到俄罗斯贝加尔湖畔的伊尔库茨克。商队在这条路上来来往往。当时运输货物的工具是骆驼和牛车，骆驼商队每年秋季出发，直到冬

张家口堡的贸易通道大境门（河北，张家口市）

季返回；牛车商队则是春季出发，秋季返回。

　　张家口的城市规模经历了"野蛮生长"的过程，从一个巴掌大的军事戍堡成长为一座繁荣的都市。19世纪末鼎盛时期，在张家口城内外经营的商户有1500多家，驮马商队日夜兼程，车水马龙十分热闹。原先长城城墙上出于军事因素设计的城门低矮窄小，无法满足繁荣的商贸活动需要，于是城中官民决定在城墙上另开一座大门。这座门修好之后，果然宽敞气派，城堡长官看了之后欣然提笔为它命名"大境门"。

　　长城线上的关隘，多以"关""口"等充满军事色彩的词语为名，唯独此地以"门"为名，表明这里已经告别了昔日的刀光剑影，成为塞北和内地文化交流的大门，是张家口地区蒙汉两族人民和睦相处亲如一家的明证。2022年，北京冬季奥运会在张家口设立赛区。这座城市以冬奥会为契机，迎来了新的发展。

天下奇绝"打树花"

在古代，戍守长城是一件令人生畏的任务。荒山野岭之中的据点寒冷而贫瘠，戍守士兵还要防备草原游牧部落疾风般的突袭。为此，历代政府都制定了严酷的律法和刑罚，试图将士兵及其后代永远束缚在长城边。各种以"屯""营""寨"命名的村子大多生活着这些驻军的后代。随着戍边生活的稳固，村民逐渐不满足于单调的军营规定，开始追求更为丰富多彩的生活，于是各种多彩而又极富军旅风情的边塞文化之花，绽放在数千公里的长城沿线。

河北蔚县暖泉镇的"打树花"民俗便起源于古老的边塞风俗，据说形成于500多年前。古代这里战事频繁，对冷兵器需求量非常大，促进了冶铁工艺的发展和繁荣。戍边军民常在春节时祭祀火神，求神祇保佑铁匠能打造出更为锋利坚硬的兵器。

每年春节，到正月十五之前，暖泉镇铁匠们会将废旧锈蚀的兵器、农具等铁器收集起来，在高炉里熔化，做好准备。十里八乡的村民们穿戴上自己最好的衣服和首饰，携家带口来到暖泉镇，镇里的商铺酒家早已准备好了琳琅满目的货物和丰盛可口的各色小吃恭候着。在嘈杂的讨价还价和推杯换盏声中，白日的时光很快溜走了。

夜幕降临，民众齐聚在暖泉镇南城门。几位反穿皮袄、头戴毡帽、脸上涂蜡的艺人终于抬着一缸猩红的铁水登场了，他们轮流将1600多摄氏度的铁水舀起来，用力泼洒向城门之上的墙壁。烧红的铁水和冰冷的城墙激情碰撞，瞬间迸裂成成千上万道闪光的流星，在夜空中激荡开来，形如光彩夺目的树冠。刹那的惊艳，让围观群众惊呼连连。表演到了高潮时分，艺人们同时出场，火树银花接连在城墙上盛开，铺天盖地，亮如白昼。人们在流光溢彩

蔚县暖泉镇民俗"打树花"（河北，张家口蔚县）

的树花下如痴如醉。

　　如今"打树花"已经声名远播，每到春节都会吸引周边数百里的游客前来观看。表演场地也从城门口的露天空地转移到了专业的封闭式场馆。"打树花"表演可以从白天到黑夜连开几场，让千里迢迢造访此地的游客不虚此行。

白石山上的云海长城

位于太行山北段涞源县境内的白石山近年来声名鹊起。它因山体多白色大理石而得名，集峰林、怪石、绝壁、峡谷、瀑布、森林、云海、长城等景观于一体。它还是中国本土宗教道教的修炼圣地之一，因为夏秋季雨水较多，经常有"云海"出现，被视为羽化成仙的福地。随着白石山近年被开发成网红景点，游人趋之若鹜。

白石山地貌特殊，几座巍峨高耸的山峰环绕而立，中间围出一块不大的盆地。夏秋时节，水蒸气在雨后从山间的谷地蒸腾而起，四周高大的群山将水汽团团围在盆地之内，使之无法逸散到山外，随着水汽越集越多，云海奇观逐渐形成。主峰"佛光顶"海拔1000多米，是观云海的绝佳胜地。

游人在浓稠的云雾中攀爬，登上佛光顶时会突然感到云开雾散，头顶的太阳射出万丈金光。俯身下瞰，云海正

云海中的白石山长城（河北，保定涞源县）

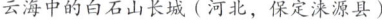

在脚下涌动，在阳光的照射下流光溢彩，宛如仙境。更让人啧啧称奇的是，汹涌澎湃的云海被山崖格挡，完全限制在了群山之内，涞源平原与之仅一山之隔却是晴空万里。

鲜为人知的是，这座奇山中还沉睡着一段长达十几公里的明长城。长城墙体就地取材，由洁白的山石垒砌而成，敌楼则都是空心砖楼。夏季雨后水汽弥漫，纤尘不染的云雾从深邃的山谷中摇曳而上，与沧桑的长城携手共舞。云海中古旧的烽火台、残损的敌楼若隐若现，山风拂过，茂密的丛林沙沙作响，远处仿佛又传来了金戈铁马的回声，千年前的光景如同就在眼前。

白石山的山谷中央还有一座白石口关，前后三道城墙一直延伸到两侧的山顶，并在山顶相汇。关城中屋舍俨然，古旧的建筑布满了岁月的痕迹，就像时光在这里停滞了一样。夕阳西下，叮叮当当的铃声从山坳间由远而近，原来是牧羊的老者赶着羊群回来。白花花的羊群和白色的山石混在一起，一时分不清哪些是羊，哪些是石。

狼牙口的抗日小英雄

河北、山西两省的界山太行山，南北长达400公里，隔断了两省的陆路交通，行人商旅只能走山谷间蜿蜒崎岖的险峻山道来翻越这座大山。河北省西部涞源县的"狼牙险道"便是其中一条。

这条道路位于人迹罕至的狼牙山上。此地山峰密集突兀，山体上林立着数不清的白色巨石，远远望去如一颗颗凶恶的狼牙。夏秋季节，山谷间特殊的地形导致山上时常云雾缭绕，游牧骑兵经常趁着雾气摸上山来，故而明朝时期在这里修建了狼牙口长城，以阻挡骑兵的偷袭。

20世纪40年代抗日战争时期，这里成为游击队员们藏身的据点。英雄们神出鬼没，时常下山破坏日本侵略者设置的碉堡和铁路。日本侵略者组织了多次大规模"扫荡"，却总是被机智的游击队员们——化解。

1942年秋的一天，日军又到狼牙口一带扫荡，妄图将抗日游击队一网打尽。游击队员们早已接到线人报告，撤退到群山深处的长城上隐蔽，日军扑了个空。敌人还不甘心，他们见到了放牛的小孩王二小，便让他带路去找游击队来不及撤退的伤员和家属。王二小一口答应下来，牵着牛慢悠悠地在前面给日军引路。

日头缓缓向西沉下，焦急的日军一个劲地催促，王二小只是说道："快了，马上就到了。"接着不紧不慢地往山的深处走去。渐渐地，两侧的群山越来越高，山间的路越走越窄，天色也越来越暗。终于峰回路转，王二小回头向日军说道："到地方了。"日军端起刺刀呀呀叫着向前冲锋，谁知转过弯去却发现前面是个死胡同，一座十几米的石壁横在面前。

日军正在纳闷，石壁和两侧的山上突然亮起了火把和照明弹，紧接着手榴弹和子弹在他们的队伍里炸开了花。原来这里是狼牙口长城脚下，王二小没有带他们去找游击队伤员和家属，反而将他们骗进了游击队的埋伏圈。敌人眼看就要全军覆没，他们气急败坏地捉住王二小，将刺刀插进王二小的身体，再把他举起来后摔死在一块大石头上。

　　小英雄牺牲时年仅13岁。他的事迹被谱写成歌曲《歌唱二小放牛郎》并广为传唱，鼓舞了无数的仁人志士前仆后继，用自己的血肉筑成新的长城。正是靠着这种大无畏的牺牲精神，中国军民终于在1945年赶走了日本侵略者，保卫了国家。

坐落于太行山深处的狼牙口长城（河北，保定涞源县）

井陉关与背水之战的故事

太行山南北连绵400多公里，阻断了山西与河南、河北的交通。过去两侧人民想要通行，只能在幽深的山谷中艰难地穿行。其中有八条相对宽敞的大道，被称作"太行八陉"，自北向南分别为军都陉、蒲阴陉、飞狐陉、井陉、滏口陉、白陉、太行陉、轵关陉。

联通山西、河北两省省会的井陉是最重要、最具历史底蕴的通道。这里的防御体系包含井陉关和井陉城。井陉关扼守山谷交通要道，时至今日，关门下的条石板上仍可见古代车辆往来所留下的车辙痕迹。井陉城也称天长古城，在井陉关西十几公里外，规模庞大且保存完好，是古代井陉县治所在。

几千年来，为了争夺井陉关，这里发生了无数的战斗，其中最著名的当属2000多年前的"背水一战"。这场战斗的主角是西汉开国功臣韩信。他是公元前3世纪末著名的军事家，以神鬼莫测的谋略多次以少胜多，被称作"东方汉尼拔"。

当时韩信只带了12000人马，东出井陉关向敌对的赵

国进军。赵王亲自率20万人来迎战。当日一早，韩信先开始列阵。出人意料的是，他没有据险而守，反而将为数不多的人马背对河水列阵。赵国军队看见后，嘲笑不止。

交战后，赵国大军向河边的韩信军队杀来，两军短兵相接。突然一声号响，韩信军队齐刷刷扔下铠甲、旗帜和财物向河边逃去。赵军一窝蜂去抢他们落下的财物。等到重整队伍再次交战时，赵军个个身上塞满了捡来的各种宝贝，哪里还有心思和力气挥舞兵器，两军竟然打了个平手。

赵军见不能胜，准备回营来日再战，不料一回头却发现，自己的大营里竟插满韩信的旗帜！他们大惊失色，以为被前后夹击了，纷纷四散逃命。韩信乘胜追击，抓获了包括赵王在内的好几万俘虏。

原来早在列阵之前，韩信就派2000名骑兵潜伏在赵军大营周围，命令他们等到大营中的敌人冲出去抢夺财物时候，乘虚攻进营中，将大营全部换上己方的旗帜。战后有人问韩信："背水列阵乃兵家大忌，将军为何明知故犯？"韩信笑着说："置之死地而后生，这也是兵书上有记载的呀。"

古代井陉的治所——天长古城（河北，石家庄井陉县）

鹤度仙踪

鹤度岭又称仙人台，位于山西、河北两省交界处的南太行山的一个山头上。这里海拔 1400 米，有一块较为平整的台地，西北侧坡度，芳草萋萋，一直延绵到山西的黄土高原；东侧则是陡然直下的万丈断崖，靠一条曲折的羊肠小道连通山脚下的小村。

明长城鹤度岭关的关城并不大，仅是数十米见方的一座石城。它三面筑墙、一面临渊，其紧扼深谷的豪迈之气，令来犯的敌人胆寒。如今关城内空空如也，昔日军士的营房、武场、马厩片瓦无存，唯有山崖壁上两幅刻字"鹤度仙踪"和"万年天险"遗存下来。

传说上古之时，这里曾有仙鹤徘徊，如果有高士要翻越太行山，仙鹤就会从天而降，载着高士飞越云霄到群山另一边，因而得名"鹤度岭"。当然，这只是一个美丽的传说。想要翻越崇山，只能依靠自己的双脚。古

人在经过关城时，无不对此地的险峻壮丽发出由衷的赞叹，称这里"溪径崛崎，岩山巉耸，上干翠霞，下笼丹壑"。

夏季阵雨过后，白纱般的雾气从山谷里弥漫而上，逐渐凝聚成浩瀚万顷的云海。连绵的群峰成为云海间一个个岛屿，在阳光的照耀下变幻着神秘的光彩，恍若白鹤所居的仙境。入夜之后，寒月寂寥、清霜散淡，冰冷的月光洒落在惨白的石城上，月下孤城让人骨冷心寒。关城角楼正对着山下军属居住的小村庄，无数个夜晚，守关将士望着山脚的星星点点的灯火，靠着这微不足道的亮光给予心灵的慰藉和温暖，支撑他们戍守在寒山之巅。

南太行深处内地，战事较少，故而这里的长城没有修筑成连续的墙体，只在险要的山谷和交通要道处修建了一连串规模不大的关口。除了鹤度岭关，群山深处还有马岭关、支锅岭关、峻极关等多个鲜为人知的长城遗珍，正等待人们去揭开它们神秘的面纱。

◀　一夫当关万夫莫开的鹤度岭长城古关（河北，邢台内丘县）

北京、天津古长城

黄崖关，夕照冠京东

　　明长城从平谷彰作关出北京，向东逶迤而行，盘桓十几里后抵达黄崖关。

　　黄崖关是蓟县（今天津市蓟州区）与河北兴隆县之间的交通要道，位于蓟县最北端约30公里处的东山上，为明代蓟镇长城的重要关隘。这段长城始建于北齐天宝七年（557）。明代民族英雄戚继光任蓟州总兵时，对原有长城作了重新设计并包砖重修。全段长城修建在海拔700余米的山脊上，参差错落，巍峨壮观。

　　黄崖关城前的牌楼，始建于明天顺四年（1460），正面书"蓟北雄关"，背面书"金汤巩固"。关城的入口上方悬有戚继光题写的"黄崖口关"巨匾。沟河从关城穿城而过。长城从关城向沟河两岸延伸开来，东至半拉缸山，西抵王帽顶山。东山石崖多呈黄褐色，每当日落时分，在夕阳的照射下映出万道金光，素有"黄崖夕照"之称，被列为蓟州八景之一。黄崖关是蓟县境内唯一的一座关城，当年李自成见黄崖关之险有如雁门关，曾称之为"京东雁门关"。

　　黄崖关这段长城虽然不长，但结构多样，城墙不仅有青砖和条石筑成的，还有块石等筑成的；敌台的数量不多，大小不一，形式却很丰富，根据地形和走势，分砖筑与石筑、方形与圆形、空心与实心等。

　　在黄崖关长城段落中，有一座著名的"寡妇楼"，它的背后有一个凄美的传说。相传，戚继光在修黄崖关长城时，曾调遣一支河南籍的部队施工。这些士兵一去杳无音信，他们的妻子在家乡苦等数年不见丈夫归来，于是她们

黄崖关长城的巾帼楼（天津，蓟县）

结伴到边关寻夫。当她们历尽艰辛来到长城跟前，得到的却是丈夫已经为修建长城献出了生命的噩耗。悲痛万分的妻子们在丈夫的墓前痛哭，恰巧被前来巡视的戚继光看到了。戚继光问清缘由后，除了慰问之外，还发给每人一笔抚恤金，让她们回去后好好抚育子女、赡养老人。经过商议后，遗孀们决定继承夫志，为国分忧。她们将抚恤金献出，用于修筑长城，并且自己也留下来参加长城的修建。最终，这座敌楼拔地而起。为了纪念这些深明大义的女子作出的贡献，人们将这座楼称作"寡妇楼"。如今，寡妇楼更名为"巾帼楼"，依然矗立在黄崖关长城景区中。

密云的杨家将传说

　　位于北京东北部的密云区，长城资源丰富，流传着大量民间传说，其中家喻户晓的是北宋时期（960—1127）杨家将的传奇故事。金沙滩大战、令公撞死李陵碑、十二寡妇征西等杨家将传说，密云百姓耳熟能详，当地以杨家将典故命名的村落关口更是数不胜数。

　　历史上杨家原是陕西北部的地方豪强，后作为降将效忠于北宋。碍于这种身份，杨家第一代领袖令公杨业在战斗中屡屡遭到猜忌，而他又急于证明自己的忠诚，每次与辽军作战都仅率少量将士以命相搏。著名的雁门关大捷便是他从小路绕道辽军背后瓮中捉鳖的杰作。但在后来的陈家谷口之战中，他因被同僚激怒而采取自杀式攻击，最终殒命。

　　杨业战殁不久，辽国在其治下的今密云古北口一带修建了杨令公庙。能为敌国将领立庙，足见辽国朝野对他的敬重。后来他的儿子杨延朗、孙子杨文广都曾立过战

古北口一带的杨令公庙（北京，密云）

司马台长城（北京，密云）

　　功，再往后杨氏家族便寂寂无闻了。而民间传说则放开想象力，一直编排出了杨家将北面攻占辽国、南面讨灭侬智高，以及更为天马行空的"十二寡妇征西"等情节，塑造了一个保卫国家、世代忠良的英雄家族。

　　此种样板正是统治者所喜闻乐见的。历代王朝走到晚期，生活窘迫、心怀不满的底层军士很容易发起兵变。而忠义的模范杨家将虽屡次遭受迫害，却从无怨言，坚信只要心怀朝廷、忍辱负重，最终定能昭雪沉冤、名扬千古流芳百世。这些虚构的"历史经验"显然会让这些底层军士受到鼓舞。

　　于是，各种与杨家将有关的事物在北方边境遍地开花，很多军堡、关卡更成了出产杨家将传说的土壤。密云区的故事尤多。传说，杨家第二代领袖杨六郎为了抵抗辽军的多点进攻，将座下白马拴在一处，盔甲挂在一处，枪扎在另一处。辽军看到他的器物，不敢进攻，仓皇而退。这就是密云区的白马关、卸甲山、墙（枪）子路三个村子的来历。

司马台，中国长城之最

　　司马台长城位于北京市密云区，始建于明洪武初年，其所在之处山势极为险峻，是长城户外圈中公认的北京长城三险之首。由山下仰望山顶，司马台长城东段如一条巨龙由西向东匍匐于峭壁之上。从西侧向上攀登，抬眼望去，唯见一峰耸立，然而登上之后，更高一峰霍然呈现，如此往复。回头后望，也只见走过的最近一峰于脚下，更远不复得见。随着高度攀升，视野逐渐开阔，在顶峰极目远眺，近处村庄、起伏的山峦自不在话下，天气好时，还可见京城点点灯火。此处的一座敌楼——"望京楼"因此得名。

　　与望京楼相邻的仙女楼，中间以一段长百余米的"天桥"与望京楼相连，此"天桥"实为一段单边长城，因此处山脊窄如刀刃，长城至此只能修起一道单边墙体。古时，墙下内侧有供守军通行巡逻的小道，但年久失修加之自然风化坍塌，如今小道不复存在，仅剩墙体还挺立在山脊之上。

　　"天桥"蜿蜒曲折、高低错落，最窄处不足一人之宽，

司马台长城的望京楼（北京，密云）

落差最大处超一人之高。南侧悬崖如刀劈斧削一般，令人望而生畏，北侧也是杂树丛生的陡峭山崖。此处海拔近千米（望京楼为司马台长城制高点，海拔986米），只有通过这段天桥，才能在望京楼和仙女楼之间来往。司马台最险之处，莫过于此。

中国古建筑学家、长城专家罗哲文曾评价："长城是中国的建筑之最，而司马台长城是中国的长城之最。"

近年来，司马台长城脚下一座新落成的"古北水镇"蜚声海内，引来无数游人。有人说，古北水镇是"北方的乌镇"；也有人说，它打造的就是一个北方特色的水乡景致。这座特色小镇将江南水乡风情带到了旌旗猎猎的塞北，为阳刚硬朗的长城增添了一丝妩媚。巧的是，这段长城在明代也是由江南军士所建造、戍守，数百年后，这座后人建造的水镇让这些当年的守卫者魂归故里。

每到夜里，司马台长城会被布置在墙体两侧的洗墙灯照亮，宛如一条金色巨龙游走于夜空，与山下的古北水镇遥相呼应，实在美轮美奂。

万里长城，金山独秀

从北京市内出发，驱车沿高速向东北方向行驶，大约两小时的车程便来到了位于北京密云区和河北承德市交界处的金山岭长城。它宛如一条巨龙盘旋于巍峨的高山之巅，龙脊上林立的空心敌楼像时刻保持警惕的卫兵，注视着山下的一举一动，让游客仿佛刹那间便回到刀光剑影的明代边塞。

晴日傍晚，游人散尽，摄影爱好者纷纷架起"长枪短炮"，静静地等待最后一道日光打在沧桑的城墙上，将青砖白石的墙体染成金色，瞬间如熔化的黄金在山脊上流淌起来，这就是著名的景致"金山夕照"。

金山岭长城始建于明洪武年间，大将徐达主持修建，后来谭纶、戚继光主政时又有所增修。这段长城是明长

城中的精华段落，西起龙峪口，东至望京楼，全长10.5公里。它依山造势，跌宕起伏，有关隘5处、敌楼67座、烽燧3座，以敌楼密集、结构精巧、建筑精美，军事防御体系健全、保存完好著称，素有"万里长城，金山独秀"的美誉。

障墙、文字砖和挡马石是金山岭长城的"三绝"，也是研究明代军事史和长城历史的重要史迹，十分珍贵。障墙是在长城墙体之上的建筑结构，起到保护守城士兵的作用；挡马石则是在长城防御一侧墙体之外的一道或几道石墙，其作用是阻止敌军骑兵战马的前进；而文字砖则是在戚继光总兵蓟镇督建长城时的产物，他命令在建造长城的砖块上刻上烧制时间和负责制作的部队番号，以便在出现质量问题时可以追责。

敌楼林立的金山岭长城（北京密云与河北滦平县交界处）

蟠龙卧虎古北口

　　古北口关位于北京密云区东北与河北承德市交界处，在蟠龙、卧虎二山之间的谷地间。关城西侧，潮河水在山间回旋流淌。这里历代皆为游牧与农耕文明的分界线，是游牧民族南侵的入口。

　　明朝为了防止蒙古部落入侵，在古北口关城、大小关口和烽火台等关塞加强设施，并增修关门两道，一道门设于长城关口北，称"铁门关"，仅容一骑一车通过；另一道门设于关西潮河上，称"水门关"。然而，层层防线仍挡不住蒙古铁骑。嘉靖年间发生"庚戌之变"（1550），蒙古俺答汗率大军攻入京畿，抄掠京师七日，便是由古北口破关而入。

　　数年之后，大将戚继光在之前的形制上对古北口进行大规模扩建，在原城的东、西、南三面分别增设外城，并将长城墙体包砖，设置空心敌楼供军士驻守。这些守军大多为戚大将军从浙江带来的义乌士兵。自此，古北口主城从北到南横亘着四道城墙。一道支线长城从姊妹楼向西北

形如巨龙盘卧的蟠龙山长城，与卧虎山长城隔潮河相望。（北京，密云）

而去，那里有长城上堪称孤本的一座三层敌楼。这次的修建弥补了古北口关外地势平坦的劣势，两侧山上新筑防线形成的交叉火力使其更难被攻破。

关城西是卧虎山，一座形如扑食猛虎的巨大山峦突兀而起，山脊上敌台密布，虎虎生风，令人望而生畏。城东蟠龙山逶迤跌宕，向东方飞腾而去，夕阳时分，墙壁熠熠生辉，犹如金龙下凡。远处名曰"二十四眼楼"的巨型敌楼昂然而立，宏大的残迹彰显出此地的重要性。再往东，则是义乌士兵戍守的金山岭、司马台一带。他们都是跟随戚继光将军举家迁来戍边的，从此扎根边疆，将温婉的南方血脉融入苦寒的塞北。

今日的古北口虽已残破，但旧制仍存，左枕蟠龙、右牵卧虎，坚城似铁、寒川如练，真可谓气势独绝！高速公路的开通，让人们能够更方便地来探访这座凝聚了厚重历史的古长城关城。

云蒙山下"错长城"

北京北郊的云蒙山素有"京北小黄山"之称，以奇松、怪石、云海、长城四绝闻名。这里山脉高耸连绵，山间道路幽深纵横，林木遮天蔽日，游牧骑兵时常借着树木的掩护突然入侵，为此明朝廷沿着山脉的东、南麓修建了断断续续的长城以加强防卫。

鲜为人知的是，云蒙山南麓小水峪村的山沟中，还藏有一条与其他长城不相连的"错长城"。据村里老人讲，这条长城是明代大将戚继光主持修建的。当年修到这里时，突然有敌寇进犯辽东，朝廷下令急调戚继光前去御敌。戚继光便将修造长城的任务交给了副将谭成，自己率军直赴辽东。

谭成的叔父是戚继光的老上级和挚友。依靠叔叔的关系，谭成很快就从一个大字不识几个的普通士兵升为戚继光的副手。戚继光走后，谭成大权独揽。为了向戚继光邀功，他亲自监工，督促工人们日夜修建，不多久便在石堂

被遗弃于云蒙山南麓小水峪村的"错长城"（北京，密云）

峪的山沟里建成了一道坚如磐石的长城。这条长城长500米左右，通体青砖垒砌，墙面光滑平整，砖石严丝合缝，还建造有高大的空心敌楼，远远望去巍峨雄伟、熠熠生辉。谭成站在长城上志得意满，心想肯定能得到奖赏了。

不久戚继光得胜归来，谭成得意地请他来视察工程。不料戚继光见了长城后勃然大怒，当即下令将谭成五花大绑押入牢中，飞马报朝廷论罪。原来这谭成工作时粗心大意、急功近利，竟然将本该修在"神堂峪"的长城听成了云蒙山的"石堂峪"。一字之差，谬以千里，白白耽误了工期，耗费了朝廷几十万两银子。这个弥天之错，就算是老上级的侄子戚继光也保不了了。

后来朝廷决定，对以谭成为首的20多名官员以渎职枉法罪斩首，法场就设在石堂峪南面的一条山沟里，至今这条沟还叫"赃官沟"。谭成煞费苦心反而送了性命，只留下这一条与其他长城不相连的"错长城"。

慕田峪和箭扣

　　慕田峪长城坐落在京城正北方向，高耸于北京市怀柔区巍峨的燕山山脉南端，南通京师，北控塞外，自古便是出入燕山山脉的要道。

　　明朝初年，在北齐长城遗址上增修了这段长城。16世纪中后期，戚继光主持对慕田峪长城进行加固和包砖，使其与东面的古北口和西面的八达岭鼎足而立，成为拱卫京畿的军事要冲。慕田峪长城建筑质量极高，功能结构完善齐备。它的底基用巨型块石搭建，墙体全部用青砖包裹，两侧都修建有女墙和射孔，空心敌楼密集分布，更罕见的是它的正关门由三座并排的空心敌楼联立而成。在经历数百年风雨后，它的墙体轮廓依然完整，完美地呈现了长城古韵。

　　今日的慕田峪告别了鼓角争鸣，东段重修后开辟为著

名的慕田峪长城景区，每天都吸引着大量的游客前来游览。相比游客熙熙攘攘的八达岭，慕田峪清秀静雅的山川景色更受到外国友人的青睐。

西面的箭扣长城则保持了原始状态，成为驴友的游览胜地。其所处位置山势险峻、高低参差，古人在修建长城时自然也是煞费苦心，形成了今日驴友们口口相传的"鹰飞倒仰""小布达拉""天梯"等壮观景象。这里一年四季都有美景，春季桃花漫山遍野，夏季云海翻腾奔涌，秋季树木层林尽染，冬季雾凇晶莹剔透，吸引无数的驴友慕名而来。

南面山脚下的几个村庄原是古代的驻军堡垒，现在摇身一变成了特色旅游民俗村。每到假日，不少城市里的游人驾车前来，只为吃一口当地特产——冰泉水养殖的虹鳟鱼。泉水里生长的虹鳟鱼，肉质鲜嫩，皮脆刺少，无论是烤制还是切成生鱼片或其他做法，吃起来都别有一番滋味。

雪后初晴的箭扣长城（北京，怀柔）

居庸关，京师防御的重中之重

　　位于北京西北的关沟防线，是京北的燕山与京西太行山的分界线。在关沟，绵延50余里的山谷间逼仄狭隘，至极处"车不能方轨，马不能并行"。即使在修路工程极其发达的今天，从关沟直穿而过的八达岭高速公路也常常让司机们头痛，屡屡成为出京大动脉上的"血栓"。

　　虽然道路崎岖难行，这条山路自古以来却是连通八百里太行山东西两侧的太行八陉之一，被称为"军都陉"。自上古时代起，这里就是兵家必争之地。黄帝战蚩尤的"涿鹿之战"就发生在北口外，春秋战国时期燕国在山谷间建立关隘，汉代正式得名"居庸关"。相传秦始皇修长城时，劳力以囚犯和强征而来的民夫为主，他们徙居于此，有"徙居庸徒"之意，至汉代便沿用了"居庸"之称。金灭辽、蒙古灭金，都在这里发生过血战。可以说，"得居庸关者，幽燕已获其半矣"。

　　即便山势险峻、易守难攻，明朝对于这条通道的建设仍不敢掉以轻心。"土木之变"后，明朝对这条关沟防线进行了大规模扩建。到了明中期，五十里的山谷间满满当当

虎踞于京师西北关沟防线的居庸关长城（北京，昌平）

塞下了五道防线——北出口处是北口关和岔道城；向南不远则到了举世闻名的八达岭隘口，长城由其两侧飞腾而上群山；再向南数里是上关城，此城为明景泰帝之前的居庸关城址，后由于地势狭小南迁新址；上关之南就是坐镇关沟正中的居庸关，今日行人驾车从关下通过，仍震惊于关楼之巍峨、城墙之宏伟，真可谓雄关天堑；山谷南出口把守最后一道防线的是南口关，这座关口原本怀拥两山，壮观程度不减居庸，可惜由于交通建设和山石开采，仅剩短短一二百米城墙保存下来。

　　盘踞于关沟山谷间的居庸关长城，风景极佳，被誉为燕京八景之一的"居庸叠翠"就在此处。每年清明前后，居庸关周边山花怒放，长城就掩映在或白或粉的花团锦簇当中。此时，乘坐市郊铁路S2线，穿行于居庸关山谷间的花海之中，美景在侧，浪漫非常。因此，人们又将这趟列车称作"开往春天的列车"。每年都会有很多摄影爱好者和游客聚集在山谷两侧，只为亲睹白色列车游于花海的迷人画面。

八达岭，名扬世界的中国名片

　　作为最早向游人开放的长城景区，八达岭几乎已经成为中国万里长城的代名词。当人们说要去北京爬长城时，通常指的就是八达岭。毛泽东当年在《清平乐·六盘山》中有一句"不到长城非好汉"，尽管描写的是宁夏境内的长城，但现在已成为八达岭长城的一个标签，这也加深了人们对八达岭的仰慕与向往。如今，这段最能代表明长城特色的长城，吸引着世界各地的游客前来，其中不乏其他国家的元首和社会名流。关于八达岭长城的影像、文字资料和报道也是层出不穷。

　　八达岭位于北京西北60公里处，是太行八陉之一军都陉中的一个关口，与岔道城、上关、居庸关、南口关组成了关沟纵深防御体系。

　　据记载，八达岭一带在战国时期就已修筑长城，现在仍能找到残存的城墙和墩台遗迹。而现今保留下来的八达岭长城，修建于明弘治十八年（1505），是当时北京长城防御体系中的重要一环，被称为"玉关天堑"，也是明代"居

八达岭长城（北京，延庆）

庸八景"之一，有"居庸之险不在关而在八达岭"之说。

关沟防线前前后后五道防线，从建筑角度说，称得上是铜墙铁壁了！但来自西北方向的敌人狡猾诡诈，他们在攻打正关不得的时候，往往会抄小路袭击明军防御薄弱的侧面。明军对此软肋也是忌惮匪浅。隆庆年间（1567—1572），总督蓟辽保定等处侍郎谭纶和总理练兵大将戚继光主持修建了内长城，来守卫八达岭一线。

据《四镇三关志》记载：从石佛峪口到于家冲口，修建边墙二十四里，空心敌台四十三座，将关沟北部整个包围了起来。可惜如此一条防线也没能阻止明朝走向灭亡。明末军备废弛、军心涣散，李自成的起义军由当地乡人带路，绕道西侧的石峡关攻取了八达岭，另一路军则攻下东侧的重镇柳沟城，继而从南北两面合围了居庸关。守将唐通和监军太监杜之秩见势不好，投降了李闯王。京师门户为之大开，敲响了明王朝的丧钟。

闻名世界的八达岭长城（北京，延庆）

守护皇陵的南山路边垣

明长城自鸭绿江始，一路向西修建到北京，但修到昌平的时候却犯了难。这可是皇陵宝地，若是在上面凿山筑墙，岂不坏了千秋万世的风水？皇帝和大臣共同商议，决定避开此段不修，改成种树。毕竟蒙古骑兵来犯，在林子里肯定施展不开，况且大明兵强马壮，也断不会让敌军长驱直入到京师腹地。于是长城主线在昌平、延庆交界处有了30多里的断带。

然而历史证明，再强大的封建王朝经历一二百年后，必然伴随着武备废弛，大明王朝也莫能例外。16世纪中叶的大明王朝早已今非昔比，边军沦为各个将军、把总的家丁，哪里还谈得上什么战斗力？墙外的蒙古骑兵们也看出了这点，隔三岔五就杀入长城内，如入无人之境。皇帝和大臣们一合计，边墙还是得修，但是不能修在宝山上，而要往北移十几里地，修在低矮的丘陵上，不妨碍风水。而且边墙不能修砖石的，会损伤龙脉，要改成土夯。

于是，从嘉靖二十二年（1543）开始，历经十余年，明政府修建了南山路边垣。这条边垣东起延庆四海镇的九眼楼，西止于官厅水库南侧，全长50余公里。进入晚期的明王朝，机构臃肿低效，贪污腐败严重，导致这条防线建造得粗陋任性。东段勉强用碎石头堆砌成一条石垅，中段为了省材料选用了夯土，西段的怀来平原处，索性连墙都不造了，用数十个墩台排列一线便草草交差了事。

文官们的想法很"丰满"——外敌来犯时，我军主力列阵于联墩之下严阵以待，高耸的墩台则由弓箭手、火铳手守卫，形成一条立体防线。然而事与愿违——见到风驰而来的蒙古骑兵，大明将士根本不敢迎敌。更别说这联墩处连墙都没有，将士们想躲都没地方躲，一有敌情，早就

南山路边垣的东起点——火焰山九眼楼（北京，怀柔）

望风而逃了。

与此同时，南面十几公里外嘉靖皇帝的永陵在经过十余年的修建后终于宣告竣工。这座皇陵为明十三陵中规模第二大，只是碍于礼制尺寸才稍小于明成祖的长陵，建造耗银800余万两，是其他帝陵营建费用的2—3倍！而被委以守陵重任的南山路边垣，前后修建只用了几十万两白银。

经历几百年风雨，南山路边垣如今已是一摊碎石垅。而在南山路边垣最东边，其与内、外长城交界处，却保留着明长城中体量绝无仅有的空心敌楼——九眼楼。原名火焰山墩的九眼楼，因体积巨大，每面开有九眼箭孔，在长城中独一无二，故得此名。

爨底下，群山深处的小布达拉宫

北京西部群山深处的爨底下村远近闻名，其独特的立体建筑布局被称作"小布达拉宫"。很多人认识"爨"（cuàn）这个字就是由此村而来。字的上部模拟双手拿着锅，中间是灶口，下部表示用双手将木柴推进灶口，本义指烧火做饭。

鲜为人知的是，这个村子还是明长城的一个重要关口——"爨里口"。16世纪初，奉命前来守关的韩氏三兄弟带领家小在关口附近建立亦军亦民的村落，逐渐繁衍发展，形成了韩氏聚族而居的爨底下村。

村子缘何得名"爨底下"已不可考，但从村子的建筑布局来看，或许可以推测一二。整个村落坐落于峡谷北侧的山坡上，民居从下向上依次递减、错落有致，呈扇面舒展，山腰上还有一道高大的石墙将村子上半部分围起来，远看的确像是在生火做饭，而石墙就是那口大锅。

村子现存近百座大大小小的明清时代民居，以砖石混

群山深处的小布达拉宫——爨底下村（北京，门头沟）

建的四合院为主。由于地形所限，这里的院落都不大，大户人家勉强建造了迷你版的一进、二进四合院，而贫穷人家只能蜗居于两三间随山势扭曲的正房里。房屋装饰质朴简洁，多数只用瓦片和砖块拼出单调的造型，只有最高处的"财主院"有些简单的砖木雕刻和彩绘。

山腰高4米的石墙为旧日的堡墙，把村子一分为二，上下两部分仅通过一条狭长的通道联通，这样有利于在敌人来犯时集中防卫。村里的街巷由青石铺成，逼仄曲折，两侧逐级升高的建筑物居高临下监视着街巷里来客的一举一动。出于军事防卫和地形双重原因，几条小巷建造得错综交叉宛如迷宫，通往各个院落的岔路往往窄长而隐蔽。

爨底下原本落后贫瘠，很多居民甚至一度放弃了这个涵养数代祖先的家园，外出讨生活。而旅游业让这个小小村落的命运发生转机，爨底下人把握住了机遇，让整个村落重焕勃勃生机。

山西古长城

大同长城和堡垒兴建始末

　　山西省北部的大同位于中原与草原交界的地方，历史上各个朝代都在这里修建防御工事，以抵挡北方游牧部落的袭扰。明朝时在这里修建了前后三四道长城，以阻挡敌人的进攻。但由于山西北部地势平缓，多为低矮的丘陵地带，长城建在这里很难起到"一夫当关，万夫莫开"的作用。

　　由于经济原因，山西境内长城多由夯土筑成，绝大部分段落并未包砖，连敌楼也大都是实心的黄土堆。戍边将士风餐露宿，遇到雨雪只能蜷居在墩台底下的小茅草棚子里瑟瑟发抖，与北京、河北那些驻守空心敌楼"别墅"的同袍不可同日而语。

　　为了弥补地势和建筑上的不足，明政府选择了大规模兴建堡垒群，试图以堡垒间的链式防御来抵御入侵的蒙古

春季杏花盛开的李二口长城（山西，大同天镇县）

部落。大同筑堡高潮始于16世纪明朝中期。这一时期明蒙矛盾激化，因此，军堡命名多带有强烈的敌视性色彩，如经常出现"虏""胡""镇""灭"等字眼。此外，这些堡垒在建造时间和地理位置上呈现组团出现的特征，如"内外五堡""靖虏五堡""灭胡九堡"等，这在长城沿线可谓罕见。到明朝灭亡时，大同境内竟存在着100多个城堡和关隘。

到清朝建立，由于清朝统治者起自关外，也属于明廷口中的"胡""虏"，故他们对这些带有侮辱性的名字很不满，很快便将这些歧视性的字眼全部改掉，一般是将"胡"改为"虎"，"虏"改为"鲁"或"罗"。也有部分堡垒名字完全改变，如靖虏堡改为正宏堡、灭虏堡改为管家堡等。

随着时代的变迁，长城和堡垒逐渐丧失了军事作用，上好的城砖随即被村民相中，你一块我一块拆下来垒成家中的院墙，就连夯土的墙芯也被视作阻塞交通的累赘惨遭拆除。今日绝大多数的堡垒只剩残垣断壁，运气好的堡垒因居民迁走而苟延残喘，运气差的堡垒则早就难觅踪迹，空余一个地名让后人嗟叹。

老牛湾，长城与黄河握手的地方

黄河是哺育中华民族的母亲河，长城是民族坚忍不拔的精神象征，二者激情碰撞，必然会有一番惊天动地的景象。这处胜景，就是老牛湾。

老牛湾位于晋蒙交界处，黄河从这里流入山西，与长城在这里交汇，晋陕大峡谷以这里为开端。这里既有黄土高原沧桑的地貌特征，也有大河奔流的壮丽景观。

老牛湾堡位于河道东侧的峭壁之上，长城和黄河交汇之处，顶在长城防线的第一线，被诗意地称为"长城与黄河握手处"。诗意归诗意，当年这里可是血雨腥风不断，明蒙两军常年鏖战，死伤无数。

老牛湾原本有山顶的堡垒和山下河岸的渡口，后来下游建起了万家寨水库，黄河水位抬高数十米，将渡口永久地淹没在了河底。堡垒近年被开发成景区，借着"长城与

黄河握手"的热点名声大噪。或许是嫌明清遗留的古屋粗陋碍眼，开发商索性推倒重建，一座座现代气息的旅店、酒吧拔地而起，到了夜晚灯红酒绿，好不热闹。

堡垒北面不远的悬崖边有一座高大的空心敌楼，又被称作"望河楼"，黄砖垒砌的楼体威猛挺拔。从那里远眺，脚下隔着黄河是内蒙古地区。再往北面几十公里，便是当年蒙古部落的大本营。每到秋冬季节，草原骑士们磨刀霍霍、杀气腾腾地向着中原地区的花花世界疾驰而来。其行军路线委实难以预料，可能是强行攻破长城薄弱的关口，也可能干脆等冬季黄河冰封，从冰面上直驱数百里，深入山西内地。

山脚下，黄河边，一条黄土长城静静地趴在岸上。比起大热的老牛湾堡，这条长城鲜为人知。那一道道断壁残垣，每每风起时，发出呜呜的"悲鸣"，仿佛还在诉说着当年这里惊心动魄的血火交融。

长城与黄河握手的地方——老牛湾（山西，忻州偏关县）

得胜堡，见证战争与和平

　　山西和内蒙古交界处，有一个叫作得胜堡的地方。这里是明朝北疆的一处军事要塞。一道粗壮的夯土长城横亘于此，城南设有得胜堡、得胜关、市场堡、镇羌堡等多座堡垒，足见其在军事上的重要性。它曾经见证了明朝和蒙古两方从战争走向和平的历史过程。

　　大明王朝定鼎中原之后，北部边境从未停止过战争，蒙古部落隔三岔五就会来打打秋风，今天摸走几只羊，明天掳去一堆人，搞得大明政府疲于应付。到了俺答汗称霸草原时，蒙古铁骑甚至突破了几条防线，到北京城下耀武扬威一番，然后扬长而去，吓得大明君臣瑟缩在城里不敢露头。

　　俺答汗虽是一介武夫，却不是个蛮勇之人，知道自己要的不过就是中原的钱帛粮食，若有人自己送过来，倒也省得总是派人过去抢。于是他向大明提出要"互市"：我有良马，你有钱粮，咱们不打仗，做做生意好不好？

得胜堡马市的城墙（山西，大同市）

　　大明君臣对此心存芥蒂，毕竟双方贸易往来，大明处于劣势，但拒绝"马市"的提议又难免引起战争，大明国力不支，难以抵抗。于是，大明君臣想到了折中的办法，即封俺答汗为顺义王，以"入贡"的形式开展贸易。

　　1571年，明蒙两方在得胜口北部的晾马台山举行封贡仪式。俺答汗身着御赐的蟒袍，向大明使臣再三叩首，发誓永世做明朝臣子。明政府也颁布诏书，开放长城上多个关口作为互市场所，俗称"马市"。

　　得胜堡是规模最大的马市。明朝廷特地在得胜堡长城以内修建了周长700多米的大型"市场堡"，供贸易使用。马市南有得胜堡，北有得胜关，东有镇羌堡，来往贸易的蒙汉群众依次进入，均遵守秩序不得造次。曾经烽烟遍地的山西北部，终于迎来了化干戈为玉帛的那一天。马市数十年高度繁荣，推动了明代晋商的崛起。

杀虎口与"走西口"的往事

17世纪末的东北亚风起云涌：哥萨克探险家沿着西伯利亚丛林一路来到太平洋。精明的山西商人马上嗅出了利益的味道，他们不远万里穿越蒙古高原，与西伯利亚定居点的哥萨克人接上了头。留着辫子的清朝商人和络腮胡子的哥萨克人相谈甚欢，商定用中国的茶叶、丝绸、瓷器等特产来换取俄国的毛皮、药材和银器等物品。

在巨大的利益推动下，一波又一波的山西商队前仆后继，涌入荒凉的蒙古高原。从山西北行，必然要经过长城。清朝早期限制蒙汉人民自由迁徙，令两族以长城为界定居，不可随意越界，只有持有许可证的部分汉族商人可以通过长城直入蒙古高原。久而久之，旧时的长城关口就演变成了南来北往货物的中转站。

这其中最著名的当属杀虎口，也称西口，位于山西西北与内蒙古交界处，自古就是南北重要通道。杀虎口在明末便已经是方圆百里规模最大的互市场所，到了清朝，贸

易使这里更加繁荣。南来北往之旅客，内外西东之货物都在这里进行交接，一时间天下水陆之珍荟萃于此。

从杀虎口出发去往蒙古高原被称作"走西口"，"哥哥你走西口，小妹妹我实在难留……虽有千言万语难叫你回头，只盼哥哥你早回家门口。"一曲哀怨绵长的《走西口》唱出了多少行商家庭的悲欢离合。

然而，与苦撑家业的留守妇人们不同，远行的商人们境遇并不像传说中穿戈壁、蹚朔漠那般艰苦。在贫瘠的蒙古地区，商人的地位堪比王侯，他们带来的内地特产让当地牧民趋之若鹜。一块内地上不得台面的砖茶能换一张上好羊皮，给谁不给谁全凭商人一句话，完全是卖方市场。

山西商人通过"走西口"创造了致富神话，许多贫苦民众也通过"走西口"在蒙古高原找到了安身之处，蒙汉两族的血脉就这样交融在一起。

繁华散尽的杀虎堡（山西，朔州右玉县）

雁门关，中华第一关

  山西境内长城中最著名的关口，就是忻州市以北高居于勾注山上的雁门关了。据说它是因大雁季节性迁徙常从此处通过而得名。自古有"天下九塞，雁门居首"之称，因而它被誉为"中华第一关"。

  古往今来，长达20公里的峡谷"雁门十八盘"一直是山西中部通往北部的关键孔道之一，雁门关便修建于这条山路正中。它雄踞两座山头间的鞍部，居高临下，俯瞰出塞军队和往来商旅。早在战国时期，赵国便与匈奴在这里冲突不断。汉朝时昭君出塞、三国时蔡文姬归汉，都曾经过雁门关。北宋时期杨令公曾率军于雁门关北大破辽军，辽军敬畏地称他为"杨无敌"。

  雁门关城池内部平地不多，随着山势起伏建造有驻军

把守勾注山谷的雁门关长城（山西，忻州代县）

营房、练兵的校场等。北门外有关帝庙，南门外有祭祀战国时雁门关守将李牧的祠堂。山谷北口，有明代内长城主线经过，由新旧两座广武城把守，一座四四方方坐镇平原，另一座牵山跨岭横截山谷。山谷南口则是国家历史文化名城代州城，城中心的"边靖楼"是国内最高的鼓楼。

到了近现代，雁门关曾饱受各种摧残，楼台庙宇毁坏殆尽。经过近些年的修缮重建，雁门关已经重现往昔雄壮威武的胜景。如今，攀着青砖重铺的台阶，登临关城两侧的山巅，从那绝顶俯瞰雁门关全貌，便可见它如一只展翅高飞的鸿雁飞临山间，以矫健威武的雄姿继续守卫着这片热土。

平型关与抗战

　　说到山西省内的长城，位于太行山西麓的平型关是不得不提的。在古代，这座关隘的战略地位并不突出。而抗日战争时期，八路军在这里取得了惊天地、泣鬼神的"平型关大捷"，让这座关隘在现代史上留下了浓墨重彩的一笔。

　　平型关位于山西北部一条东西横亘100公里、南北仅5—10公里的狭长谷地的东端。这里北有恒山，南有五台山，东面是巍峨的太行山，只在西侧有较为宽阔的平地通向山西中部。总体地形就像一个酒瓶子，故而得名"瓶形关"，后来守关的官兵们觉得名称不雅，便改为"平型关"并沿用至今。

　　"瓶形关"之名形象地表明这里是开展伏击战的绝佳地

点。1937年9月，全面抗战已经打响，日军占领河北后试图翻越太行山占领山西，平型关就是他们选定的入侵道路之一。得到情报后，八路军在关口附近老爷庙的一条狭长山谷之上设下埋伏，专等侵华日军从山下的公路经过。

9月25日，日军的一个运输车队从山下经过，八路军待其进入伏击圈后枪炮齐发，把日军打了个措手不及。日军毕竟是训练有素的法西斯军队，在稳住阵脚后迅速组织反击，妄图夺取山上制高点。八路军战士端起刺刀，与敌人展开了残酷的白刃战，终于将这股敌人全歼于山下。

这次战斗是全面抗战开始以来的首次大捷，极大地鼓舞了全国军民士气。平型关之名，从此与英勇不屈的民族精神结合在一起。今日的平型关关口建筑得到了维修，重现了往日荣光，吸引着众多游人前来缅怀那段艰苦卓绝的岁月。

修葺一新的平型关关城（山西，忻州繁峙县）

八台子，中西方文明的碰撞

　　山西省北部的左云县八台子村，可能是唯一一处长城与教堂携手的地方。这里地处中国西北的黄土高原，游牧、农耕、海洋三种文明在此交汇，曾经碰撞出了灿烂夺目的火花。

　　八台子长城始建于16世纪中叶，建造时就地取材，使用当地的夯土。在山西北部荒凉的黄土地上，有无数个小山村依偎在长城脚下。八台子、十里堡、三十二墩……这些名字单调无趣，一看便知是依据附近的墩台戍堡的数量命名的。如果不是因为后来发生的中西方文明碰撞，八台子早就会和其他村落一样，埋没在历史的长河中。

　　八台子所在的地方是中国传统的农耕地区。19世纪末，一批西方传教士来到八台子。为了达到传教的目的，他们修学校、建医院，接济穷苦群众，逐渐被当地百姓接纳。很快，一座教堂在长城边拔地而起。

　　1900年7月，山西发生了第一起义和团冲击教堂事件，并很快波及山西全境。八台子教堂虽然偏处塞上，也未能幸免，被义和团信众拆毁。1901年，八台子教堂开始重建。1937年9月，教堂在日寇侵华战火中再次被毁。现如今，教堂只剩下一座哥特式钟楼，孤独地伫立在村北的高地上。残垣断壁的教堂与经受几百年风霜洗礼的长城，共同俯瞰着这片饱经沧桑的黄土地。

八台子长城边的教堂遗址（山西，大同左云县）

娘子关和固关

"太行八陉"中的井陉连通河北、山西两省的省会，加之道路较为平缓宽阔，自古以来就是繁忙的交通大动脉，也是军事咽喉要道，为历代王朝所重视。这条山间大路东起河北井陉的"东天门"，西达山西阳泉"西天门"，全长60多公里，中途又分为南北两道，分别经过著名的娘子关和固关。

娘子关原名"苇泽关"，坐落在井陉北道，7世纪初，唐朝平阳公主曾率兵驻守于此。古代女子为将者屈指可数，平阳公主的军士多为女兵，被当时人称为"娘子军"，关隘也就因此得名。娘子关名称虽有娇弱之气，但雄壮之姿不减。这里两山夹峙、一水中流，关城横绝谷底，长城襟山带河，蔚为大观。现存关城、长城、古民居、点将台等多处遗址，南门上高悬"天下第九关"之匾额气势独绝。

娘子关钟灵毓秀，今日还是科幻迷们的圣地。著名科幻作家刘慈欣曾在附近的娘子关电厂工作几十年。《流浪地

天下第九关——娘子关（山西，阳泉平定县）

球》《三体》等众多科幻巨作在这里诞生，继而走向全国乃至世界。

另一座雄关固关在娘子关南，把守着井陉南道，由一条全长20公里的石砌长城与娘子关相连，著名长城专家罗哲文称其"有小八达岭之风韵"。自古此关扼守山谷要道，往来商旅军队不绝，今日关门下条石板上仍可见古代车辆往来留下的车辙痕迹。城中有关帝庙、龙王庙、阎王庙等十几座庙宇，曾经热闹非凡。山谷两侧散落多座格局完整、匠心独具的"石头村"，东面数里外的小龙窝村山壁上还存有古代摩崖佛像数尊，足见旧日繁华。

清末，娘子关和固关开始衰败，关堡建筑逐渐颓圮。新中国成立后，为修建国道和高速公路，本就残破的关城被切断为数截。好在到了20世纪90年代，两座关城得到修复，复原了关楼、敌楼等建筑，重现了往日风采。

陕西、宁夏、甘肃、新疆古长城

镇北台，万里长城第一台

　　长城从滔滔鸭绿江出发，飞越山峦和平地，跨过滔滔黄河，一头扎进茫茫戈壁，一路上留下了许多动人的传说和瑰丽的景致。在祖先给我们留下的数不尽的长城遗产中，有三处素有"长城三大奇观"之称，其一为东面枕山襟海的"天下第一关"山海关；其二为西面丝绸之路上重要的关隘——嘉峪关；第三个名气虽相对较小，但分量不小，那便是万里长城中体量最大的一座楼台，被称为"万里长城第一台"的镇北台。

　　镇北台位于明长城正中，陕西省榆林市城北之红山顶上，直面河套平原，台下紧邻蒙古部落进贡的场所"款贡城"和贸易场所"易马城"，战略地位极为重要。它修建于万历三十五年（1607），大体呈方形，周长约300米，上下4层高30余米，通体青砖垒砌。内有军士营房、女墙、瞭望孔等。顶层原有一座楼橹，后坍塌。东西各有一坐小

万里长城第一台——镇北台（陕西，榆林市）

城，东侧称为"款贡城"，西侧称为"易马城"，顾名思义，这里是明蒙双方议和后设置的两个互市市场。镇北台正是明廷为了监视互市时双方动向所建。

这座硕大无朋的楼台集军事、贸易功能于一体，高耸在陕北高原之上，从十几公里外就能看到它擎天一柱般的身形。镇北台南面5公里外，便是明代的九边重镇之一、素有"塞上小北京"之称的榆林古城，明清时期这里曾繁荣一时。

时光飞逝，昔日雄伟的长城遭到废弃和损毁，早已面目全非。近年来，当地政府开发旅游业、重修镇北台，但"款贡城"和"易马城"未及修缮，夯土城墙仍裸露在外，与青砖包裹的镇北台形成鲜明的对比。长久以来，这里是陕西唯一一个开放的长城景点，向广大游客展示着过去的荣光。

波浪谷中的长城

　　美国亚利桑那州北部的帕利亚峡谷面积广阔,漫无边际的砂岩山体上布满霞光流彩般的弧形纹路,远远望去就像涌动翻滚的朱红海浪一样,让人惊叹大自然的鬼斧神工,因此得名"波浪谷"。中国陕西省北部的靖边县,近年来也发现了一个波浪谷,其规模比之美国波浪谷不相上下,其景致更因有湖泊、山谷、盆地的变化而略胜一筹。

　　15世纪中叶,明廷在陕西北部与蒙古部落进行经年累月的拉锯战,双方为此集结了几十万大军。由于军费消耗巨大,明政府逐渐吃不消,停止了与蒙古部落一决高下的企图,而改为修建长城御敌。但由于经费实在捉襟见肘,官民们只得放弃修筑连贯墙体的想法,转而利用山上的峭壁和深峡作为天然的城墙。这种方法果然便利,山崖经过简单铲削便可交工,几个月就完成了"长城"的修建。

以山险为"墙"的波浪谷（陕西，榆林靖边县）

　　游客来到波浪谷怀古问今，一眼就能看见血红色峭壁上接次而立的敌台遗址，那正是明长城的"城墙"所在。谷地中的波浪形山岩远看平缓柔和、波澜不惊，实际上光滑陡峭难以落脚，仅有个别地段能容纳单人勉强攀行，稍有不慎便会跌落万丈深渊。古人在这里建造的"长城"，的确是"一夫当关，万夫莫开"。

　　夕阳西下，朱砂岩的山体在落日余晖下熠熠生辉，流动的波浪变成了燃烧的火焰。牧羊人赶着羊群从峭壁上归来。让人瞠目结舌的是，山羊这种家畜竟能在这悬崖上健步如飞，如履平地。巴掌大的一小块凹穴，它们即可四脚攒蹄，稳稳立在其中。需要移动时轻巧地一跃，便跳到了峭壁上另一块凹陷处，其轻盈矫健的身姿如闲庭信步一般，将如履薄冰的牧羊人远远甩在后面。

三关口与杨门女将的传说

  南北全长200多公里的贺兰山脉高耸入云，山顶终年积雪，山坡遍布怪石。它是宁夏与内蒙古的界山，在古代也是中原和草原的分界线之一。山东侧的宁夏平原物产丰富、土地肥沃，有"塞上江南"之美誉；山西侧则是一望无尽的草原与戈壁，恰是游牧部落驰骋的绝佳牧场。

  中原王朝和游牧部落接壤的地方，大都会有长城，贺兰山也不例外。明政府在山东麓建造了一条夯土与毛石混搭的长城，用以控制大大小小的山谷通道。200公里长的防线上雄关林立，其中最雄伟的当属山脉正中的三关口。在这道宽阔的山谷间，明朝一股脑儿排下了前后三道关卡进行逐级防御，一条夯土长城将谷口围得密不透风。山崖上的长城依据山势时而曲蟠，时而舒展，如巨龙盘旋舞动，素有"宁夏八达岭"之称。

  自古三关口就是兵家必争之地。当地还流传着一个关于杨门女将的悲剧传说。相传11世纪时，北宋王朝与盘踞在宁夏的地方割据政权西夏国交战，懦弱不堪的宋军一溃

连接宁夏与内蒙古的咽喉要道——三关口（宁夏，银川永宁县）

千里，让西夏夺走了西北一大片土地。无奈之下，皇帝只好请出屡建功勋的杨家将前往征讨。但此时杨家男丁都已经为国捐躯，只能由百岁高龄的佘太君挂帅，率领府中的一干寡妇出征，史称"十二寡妇征西"。

女将们出征后节节胜利，很快推进到贺兰山附近西夏国的老巢一带。西夏军队拼死抵抗，战局陷入胶着。为了探明敌人虚实，女将中最勇猛善战的穆桂英带着几个妯娌从小路登上贺兰山打探。几人身着轻装攀岩前行，登上山顶后往山下探望，只见山下的西夏军队兵多将广、军容整齐，一时难以攻破。

穆桂英心头忧虑，冷不防一支冷箭飞来，射穿了她的胸膛，她当场牺牲。几位女将赶忙过来营救，一阵密集的箭雨将她们也射死在山崖上。原来西夏军料到会有人来窥营，早就埋伏好了兵士。后来西夏军将她们的首级割下来示众，将尸体抛到悬崖下。至今贺兰山下还有地方保留着"杨家坟"的地名。

穿越三万年时光的水洞沟

　　长城纵横万里，上下两千年，但敢自称有三万年历史和独一无二立体防御设施的长城遗址，仅有宁夏的水洞沟长城一处。

　　1923年一个夏季的傍晚，一阵悠扬的驼铃声响彻在荒凉的长城边，有家名叫张三小店的车马店又迎来了远方的客人。来客是法国古生物学家德日进和桑志华。这次他们从天津出发，沿黄河沿岸进行考察，途经水洞沟时，天色已晚，就住进了张三小店。

　　两位古生物学家在水洞沟逗留期间，发现了裸露在地表的哺乳动物化石，他们随后开始发掘，总共发掘出300多公斤石制品和动物化石，主要包括石核、刮削器、尖状器等旧石器。依据这些"宝藏"，两人宣布在中国发现了3

万年前的旧石器时代遗址，证明了中华文明是从石器时代连续演变而来。

500年历史的明代长城就建在石器时代遗址附近。工匠们在修建长城时煞费苦心，将还算丰沛的湿地河流圈在长城之内，而将荒无人烟的毛乌素沙漠留给了游牧部落。附近还设有一座红山堡，是长城守军的大本营。

令人称奇的"藏兵洞"分布在红山堡内外。这里有几条纵横交错的深险大沟，底部宽阔，可并行十几个骑兵，是防守的要冲之处。为了加强防御，明军在沟壑的崖壁之中开凿了复杂的地道，守军可以迅速由地上转入地下，伺机设伏，甚至可以穿越至敌人背后出击。在中国的长城中，这种带有地下藏兵洞的立体防御体系堪称孤本。

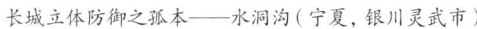

长城立体防御之孤本——水洞沟（宁夏，银川灵武市）

西北墩军的艰苦生活

明朝几千公里的长城防线上，各式各样的墩台（烽火台）数不胜数。每座墩台都有军士戍守，一旦发现敌人的动静，便燃烟放炮，将警报传递给下一处。为了使信息传递更为准确，又规定根据来犯的敌人人数不同，确定燃放烟火的数量，故很多烽火台采取了"连墩"的构造方法。西北的长城防御体系中，十连墩很常见，这使得烽火台可以通过不同组合形式发布信息量更大的信号。

墩台多是沿边设立，很多地方并没有长城和天险掩护，甚至有些墩台为了占据有利瞭望点，孤零零设在远离驻军的山脊或荒原。这导致守墩军士很容易被蒙古部落偷袭，加上难以忍受的朔风苦寒，很多人时不时偷跑回驻军屯所与家人团聚。

16世纪晚期，明朝为防御边患，开始整饬愈加废弛的军事体系，大规模修整、扩建长城。鉴于边境上墩军风餐露宿的生存环境，大将戚继光在北京、河北一带修建了数千座空心敌楼，大幅改善了驻军条件。然而由于财力有限，西北边境没能大规模修建空心敌楼，墩军们生活环境依然恶劣。

明代作家徐充生动地记载了墩军的生活：墩上生活着七个人与三只动物，几名墩军于墩台上的屋子里日夜守望，三只动物各有其职责：鸡负责报晓，相当于晨起闹钟；猫可通过观察其瞳孔形状变化来确定时间；狗则是忠实的警卫，晚上守夜，白天第一个从梯子下去四处探查有没有埋伏的入侵者。边墙外设有壕沟陷阱，运气好的时候，会有鹿自投罗网陷入坑中，成为墩军改善伙食的美味佳肴。

永泰古城

在甘肃省白银市景泰县西部的茫茫戈壁上有一座老虎山，其北麓坐落着一座有着400多年历史的古城——永泰古城，它是通往青海、内蒙古和新疆的咽喉之地。因其城堡鸟瞰形如金龟，故又被称为"永泰龟城"。

元朝灭亡以后，蒙古分裂为鞑靼和瓦剌两部盘踞漠北，明朝200余年间，始终对中原王朝构成威胁，侵扰不断。明正统年间（1436—1449），鞑靼的阿赤兔部不断侵袭今兰州北部，先后占据了大小松山。松山就是今天的老虎山，地处腾格里沙漠和黄土高原的过渡地带，属祁连山余脉，距离今景泰县城不足百里。

明万历二十六年（1598），兵部尚书兼三边总督李汶奉旨率十万大军征讨阿赤兔部，经过大小百余次战役，终于击败鞑靼部落。大小松山重新回到明王朝的统治之下，成为抵御北方蒙古部落入侵的重要屏障。但大战摧毁了这里原有的要塞。战事之后，李汶上奏朝廷，请求在松山北麓重新筑城。新落成的永泰城颇为雄壮，上有炮台12座、城楼4座。城外围绕护城河，四门皆有瓮城。城的北侧向着长城方向，南侧向着兰州方向，皆有绵延数十里的烽火台。兰州参将驻扎于此。

沧海桑田，这座曾经显赫的军事要塞早已破败没落。20世纪中叶，这座古城里还有千余人口，但近半个多世纪以来，这里的自然环境逐渐恶化，水资源严重匮乏，土地沙化和盐渍化，古城周围也逐渐被茫茫戈壁滩侵蚀，生存环境的恶化使当地居民不得不向外迁移。

在永泰古城的南北两侧，而今还能找到一些夯土的墩台，历史上这样的墩台每隔百十米就有一个。明代时，每当有蒙古部落入侵，战争的信号就会迅速从北面的长城沿

烽火台次第传到永泰城，又继续向南传去，直到兰州。

如今，硝烟早已散尽，戈壁上的风沙不停吹打着永泰城破败的城墙。一队羊群正从永宁门鱼贯而出，城门外架起的"长枪短炮"正等待着这每天固定上演的节目，摄影

空中俯瞰形如金龟的永泰古城（甘肃，白银景泰县）

爱好者不失时机地按下快门。天空上不时有无人机盘旋，
将"龟城"的形态更真切地记录下来。建城400年后的今
天，这座曾经辉煌的古城以另一种姿态吸引着世人的眼球。

阳关和玉门关

　　河西走廊自古便是华夏文明与中亚文明的沟通桥梁。这个狭长的地理单元位于黄河甘肃段以西，是一段沿祁连山北麓分布、长1000多公里、宽10—100公里不等的堆积平原。它的南侧为高耸入云的祁连山，北侧为合黎山、龙首山及莽莽荒漠，因形状狭长如走廊，故而得名。

　　汉朝以前，具有印欧人血统的大月氏人在此游牧生活。汉初匈奴人崛起，赶走了大月氏人而占据河西一带，从西面威胁汉帝国的都城长安。文景两朝休养生息的政策，使武帝时的汉朝积聚了雄厚的国力，遂开始对匈奴发起反攻并屡屡获胜。公元前121年，汉武帝派霍去病由陇西乌鞘岭三次出塞1000余里，击败盘踞在河西走廊一带的浑邪王和休屠王，降服了游牧其间的匈奴残余部众。西汉政府随即在河西走廊设置了武威、张掖、酒泉和敦煌四个郡，自此开启了华夏文明通向亚洲内陆的通道，丝绸之路这幅壮阔长卷得以缓缓展开。

　　为保护丝路的安全与畅通，除去四郡，汉朝又在敦煌

附近修建了阳关和玉门关。《汉书》记曰：“列四郡，据两关。”阳关和玉门关是汉长城的重要组成部分，更是汉代重要的军事要塞。二关南北相望成掎角之势，是从敦煌出发前往西域的两个必经关口，成为西行的门户所在。“劝君更尽一杯酒，西出阳关无故人”“羌笛何须怨杨柳，春风不度玉门关”……这些人们耳熟能详的诗句，描写的正是这两处古关。

阳关和玉门关位于缺少雨水、人烟稀少的西北戈壁，人们常常将它们与雄伟壮阔、苍凉寂寞联系起来。这里自古是军事重地，又是边境地带，发生在这里的往往是刀光剑影、生离死别的故事，多少文人墨客对此感慨万千，因此诞生了许多不朽的文学作品。

唐代之后，由于战乱和环境恶化，两座关隘先后被废弃。又经过1000多年的风雨洗礼，关隘周围曾繁华一时的聚落已完全被流沙吞没，只有阳关故址之上的烽燧和玉门关遗址还静静矗立在戈壁滩上，仿佛在向前来瞻仰的人讲述着这里曾经的辉煌。

玉门关大方盘城遗址（甘肃，敦煌市）

嘉峪关，明长城的西起点

比起阳关和玉门关，号称"天下第一雄关"的嘉峪关的诞生要晚了将近1500年。矗立于大漠边缘的嘉峪关，衬托在祁连山的皑皑白雪之下，雄伟非凡。明代以前，西域来使进入中原都是通过玉门关或阳关。随着明代嘉峪关的修建，这两座汉代旧关逐渐废止，嘉峪关成为连通中原与西域的官方法定路线。

今天的嘉峪关已是河西走廊上著名的旅游景点之一。这座长城沿线最壮观、规模最大的关隘足足建造了168年，由内城、外城、罗城、瓮城、城壕和南北两翼长城组成。嘉峪关关城以北约7公里是著名的黑山悬臂长城，因修筑于坡度约45度的山脊之上，如凌空倒挂一般，故而得名。悬臂长城是嘉峪关军事防御体系的重要组成部分，有"西部八达岭"之称。而在嘉峪关关城西南方数公里处是万里长城第一墩——讨赖河墩。它矗立于讨赖河边的悬崖之上，是明长城最西端的一座墩台，是名副其实的长城西起点。

明初时，西北边境前线并不在嘉峪关，而在今天的新疆哈密一带，设置有哈密卫，以东还有罕东卫、沙洲卫等6个蒙古、畏兀儿羁縻卫所，合称"关西七卫"。后来，明政府的昏庸无能导致关西七卫逐渐脱离明廷的管辖，被蒙古部落日渐蚕食。嘉靖年间（1522—1566），随着罕东卫的幸存者迁入嘉峪关内，关西七卫宣告全部沦陷，原本作为后方的嘉峪关变成了最前线。

嘉峪关在明亡之后军事地位下降，但仍是陆路交通的重镇。嘉庆年间（1796—1820），清政府在新疆各地建立起朝贡贸易点，嘉峪关失去了以往统筹控制朝贡贸易的作用，而逐渐成为向日益增多的往来商旅征税的主要关卡。

清末洋务派代表人物左宗棠率军西征平定叛乱时途经嘉峪关，见其堞雉俨然、气势雄壮，欣然提笔大书"天下第一雄关"匾额悬于门楼之上。可惜此匾毁于战乱，今日关城上悬挂的匾额是其复制品。

明长城的西起点嘉峪关（甘肃，嘉峪关市）

神秘的新疆长城

　　20世纪70年代末，时任新疆考古所所长穆舜英和时任中国科学院新疆分院副院长彭佳木分别带队考察楼兰古迹和罗布泊，为中日两国合拍丝绸之路纪录片作准备。这次考察发现了从甘肃玉门关至罗布泊的一条绵延不绝的土墙。后来，这条土墙被考证为汉长城遗迹。这是学界在新疆境内最早发现的长城。

　　对于大多数人来说，新疆长城是陌生而神秘的。在天山南北的丝路古道上，展现着一幅壮阔的长城画卷，它由一座座古代关堡和烽燧共同组成。

　　汉武帝时，张骞奉命出使西域，随后大将霍去病三次出征匈奴，将河西走廊纳入汉朝的管辖之下。著名的丝绸之路开通，为中原与西域乃至世界的文明交流开创了通道。为保护丝路的安全与畅通，汉朝陆续设置了河西四郡，并沿河西走廊修建了西至敦煌玉门关的长城。为了保卫西域各族免遭匈奴侵略，又在西域的轮台、疏勒等地组织移民和屯田。公元前60年，西域都护府设立，西域也就是今日的新疆一带正式纳入了中国版图。长城也由玉门关

克孜尔尕哈烽燧遗址（新疆，库车市）

继续向西延伸，一直修建到了罗布泊。

在整个新疆境内，由国家认定的长城资源有200余处。哈密市是新疆长城资源最为丰富的地区，共发现烽燧106座。在新疆的长城遗迹中，最为著名的是入选世界文化遗产的克孜尔尕哈烽燧。

克孜尔尕哈烽燧坐落于库车市以北依西哈拉乡，"克孜尔尕哈"在古突厥语中意为"红色哨卡"。汉武帝将长城修到了罗布泊，而克孜尔尕哈烽燧所处的位置，从罗布泊还要向西数百公里。这座由夯土筑成的烽燧，是新疆丝路古道上数以百计的烽燧遗址中历史最久远、保存最完好的一座。

戈壁的漫天风沙，使新疆长城的绝大部分城墙已不复存在，只有更能抵御风沙侵蚀的烽燧和戍堡才略有遗存。历史上，它们发挥了守卫边疆、保护丝路的重要作用，也是历代中央王朝对西域经营和管辖的实证。

南方长城

苗疆长城

距今大约4500年前，河北省西北部的涿鹿地区发生了一场大战。这场大战的一方是占据了黄河中下游、由黄帝和炎帝领军的华夏部落联盟；另一方是占据了长江中下游和山东一带的蚩尤部落。

传说蚩尤长着一只牛头，背上有两只硕大的翅膀，有六只胳膊、八只脚，力大无穷、刀枪不入。他还有兄弟八十一人，都有铜头铁额，八条胳膊，九只脚趾，个个本领非凡。他的战士骁勇善战，勇不畏死，还有众多的猛兽飞禽和军队一同作战。

这场战斗旷日持久，双方都请求神灵助阵。蚩尤请风伯、雨师相助，一时风雨大作，炎黄军队进退不得。危急中，黄帝的部下风后造出了指南车，带领军队冲出风雨。黄帝又请天女施法，天气突然转晴，让蚩尤军队惊诧万分。黄帝乘机指挥大军掩杀过去，将蚩尤斩杀，取得了最终的胜利。

此后华夏联盟势如破竹，一路吞并蚩尤部落原来的领地，将领土推进到长江一带。蚩尤的人民有的选择加入华夏联盟，有的却选择避而远之，从山东退却到长江流域，又继续向西迁徙，一直到今日湖南、贵州一带的深山老林里定居下来。他们的后代被称作苗族。苗族人口众多，实力强大，凭借深不可测的山谷所具有的地理优势，与尾随而来的华夏族继续周旋。在之后的2000多年的时间里，中央政府一直很难对苗人盘踞的区域进行有效管辖，只能封当地的酋长为土司代为管制。

明朝时，不少土司时叛时从，摇摆不定。朝廷忍无可

最南方的长城——苗疆长城（湖南，湘西凤凰县）

忍，终于决定参照北方边境的做法，在湖南、贵州两省交界处建造一道长城，用来将苗族中不服从朝廷管制的部落包围起来。这道长城由墙体、关卡、碉楼、戍堡等建筑组成，长达数百公里，有效孤立隔绝了作乱的部落。此举得到了汉、苗两族爱好和平的民众的一致支持，他们积极踊跃参军戍守长城，后期很多戍堡完全由支持中央政府的苗族军人驻守。

这道长城是中国最南端的长城，由于是为防卫苗部叛乱而建，也被称作"苗疆长城""南长城"。南疆长城周边有很多别具民族特色的城镇和关隘，著名的凤凰古城就是当年的屯兵城堡之一。

03

长城的人义传承

中国人的文化符号

延绵万里的长城在渤海之滨流连，在燕山之巅盘旋，在草原上俯瞰遍地牛羊，在沙漠里看尽大漠孤烟。古往今来，很多文明都或多或少修建过类似长城的线性防御工事，但从没有一个文明如中华文明一样，持续修建2000多年，最终使长城横跨整个北方，守护数以亿计的黎民百姓。

中华民族是一个热爱和平的民族，古人付出无限的辛劳修建长城，并非为了开疆拓土，而是为了守护家园。但在外敌入侵时，中华儿女会毫不犹豫地拾起武器，与入侵者殊死搏斗。在20世纪三四十年代艰苦卓绝的抗日战争时期，中国军队在山海关、喜峰口、居庸关、娘子关等长城沿线英勇抗击日本侵略者，他们的牺牲唤起了全民族同仇敌忾、共御外辱的精神和斗志。长城，蕴含着中国人自强不息、坚不可摧的家国情怀，是中华文化宝库中的一座丰碑。

在长城的守护下，中华文明与世界文明开展了积极友

晨雾中的独石口长城（河北，张家口赤城县）

好的交流。汉武帝派张骞出使西域，开辟了伟大的丝绸之路。"走西口"的故事流传在纵贯西伯利亚高原的商贸通道上，甚至远达莫斯科，推动了国际文化贸易交流。长城促进了中华民族与世界各民族在经济、政治和文化等方面的交流和借鉴。

2000多年来，长城的建筑结构、防御体系、军事内涵都在不断演变。从最早的单一一道墙体，逐渐发展成具备马面、墩台、烽燧、戍堡、地道等多位一体的纵深防御体系。其结构也从最简单的堆土、插木发展成夯土、砌石乃至青砖搭建。明代中晚期戚继光发明的空心敌楼，大幅度提高了长城的防御性和耐久性，至今历经400多年仍矗立在北方的群山之上。

长城这座伟大的军事工程横跨整个中国北方，见证了中华民族2000多年的风雨历程，先后守卫了亿万华夏子民，代表着独特而伟大的民族精神和生生不息的中华文明。

长城的保护与传承

  中国最后一个封建王朝清朝于17世纪中叶舍弃长城战略后，长城境况每况愈下。东部省份的砖石长城质量较高，尚得以大致保存整体结构；西北地区裸露的夯土长城则不耐风雨，逐渐失去了原本高大的形制。进入现代后，由于长城关口大都建在交通要道上，这种防御性建筑成为交通建设的"绊脚石"。由于当时人们对于长城的重要性认识不足，缺乏保护意识，墙体上厚重的青砖条石被当地村民当成现成材料，用来修建家中院墙、猪圈，石刻匾额和名人诗碑成了村里的铺路石，很多威严雄伟的关城楼台就这样消失了。

  1982年，第五届全国人民代表大会常务委员会第二十五次会议通过《中华人民共和国文物保护法》，使过去随意破坏文物古迹的行为得到遏制。2006年9月，国务院常务会议通过《长城保护条例》，明确长城保护是所在地政府职责的一部分，并从根本上解决基本建设与长城保护的矛盾。

保存相对完整的万全右卫古城（河北，张家口万全县）

　　1987年12月，联合国教科文组织将万里长城列入《世界文化遗产名录》，长城从此被置于世界的聚光灯下，它的保护也得到全世界的关注。长城以它特有的文化底蕴吸引着世界各地的人们前来探访。缜密科学的设计、宏大峻极的气象，以及一个个埋藏在史书里的典故，让每一个到来的人沉醉其中。曾经残破损毁的关隘城堡，也再一次引起大众的关注，越来越多的人开始重新认识这份中华民族的珍贵遗产。

　　走向新时代的长城文化更为丰富，而且不断地充实着新的内容和特色。2019年7月24日，习近平总书记主持召开中央全面深化改革委员会会议，审议通过了《长城、大运河、长征国家文化公园建设方案》。这是中国首次以国家级的高度和视野对长城文化体系进行规划统筹，将对提升长城人文标识的生命力和影响力产生广泛而深远的影响。让我们一同了解长城，发掘长城的内涵，守护长城遗产，将祖先留给我们的宝贵财富永远传承下去。